KB146395

자신의 존재에 대해
사과하지 말 것

자신의 존재에 대해

EXPLAINING

HUMANS

사과하지 말 것

삶, 사랑, 관계에 닿기 위한 자폐인 과학자의 인간 탐구기

카밀라 팡 지음 | 김보은 옮김

푸른숲

나의 엄마 소니아, 아빠 피터,

그리고 언니 리디아에게

일러두기

· 역주는 소괄호 안에 넣고 '−옮긴이'로 표기했다.

· 한국에서 번역 출간된 단행본이 본문에 언급된 경우 국내에 소개된 제목을 따랐다.

차례

내가 이 행성에 온 이유

지구에서 산 지 5년째 되던 해에, 나는 엉뚱한 행성에 착륙했다고 생각했다. 아무래도 정거장을 지나친 게 틀림없었다.

같은 종에 둘러싸여 있는데도 나는 내가 이방인이라고 생각했다. 말을 알아들을 수는 있지만 할 수는 없는 사람 같았고, 동료 인간과 겉모습은 같지만 기본 특징은 전혀 다른 것 같았다.

우리 집 정원에 세운, 한쪽이 기울어진 알록달록한 텐트는 내 우주선이었다. 나는 그 안에 앉아 지도책을 펼쳐놓고, 우주선을 타고 내 고향 행성으로 돌아가려면 어떻게 해야 할지 궁리하곤 했다.

우주선 발사 작업이 뜻대로 되지 않자, 나는 나를 이해해줄 것 같은 소수의 사람 중 한 명에게 물었다.

"엄마, 인간 사용 설명서는 없나요?"

엄마는 멍한 표정으로 나를 보았다.

"그런 거 있잖아요… 사람들이 왜 그렇게 행동하는지 설명해주는 안내서 같은 거요.”

상대방의 표정을 읽는 일은 예나 지금이나 너무 어려워서 확실하진 않지만, 그 순간 나는 엄마의 마음이 찢어지는 것을 보았다.

“그런 건 없단다, 밀리.”

말도 안 돼. 우주의 모든 것에 관해 책이 있는데, 내가 어떻게 행동해야 할지 알려주는 책이 없다니. 세상에 나가도록 준비시켜주고, 힘들어하는 사람의 어깨를 감싸 안으며 위로하는 법을 가르쳐주고, 다른 사람과 함께 울고 웃는 법을 알려줄 책이 없다니.

나는 내가 이 행성에 온 이유가 반드시 있을 것이라고 생각했다. 시간이 흐르면서 내 상태를 명료하게 인식하고 과학에 흥미가 생기자, 나는 ‘바로 이거’라고 생각했다. 내게 늘 필요했던 설명서를 직접 쓰기로 한 것이다. 나처럼 인간을 이해하기 어려운 사람에게 인간을 설명하는 안내서, 사물을 다르게 보는 법을 터득했다고 생각하는 사람들을 도울 매뉴얼, 아웃사이더를 위한 삶의 가이드. 바로 이 책이다.

그 일은 항상 모호해 보였고 이룰 수 없을 것 같기도 했다. 나는 A 성적을 받기 위해 복습하는 동안에도 닥터 수스(미국의 작가이자 만화가-옮긴이)를 읽는 아이였다. 사실 소설을 읽을 때 두렵곤 했다. 하지만 나는 내게 부족한 다른 모든 것을, 특수한 방식으로 움직이는 뇌와 과학을 향한 넘치는 사랑으로 보완했다.

스스로 정상이라고 절대 느낄 수 없었던 이유는 내가 평범하지 않았기 때문이다. 나는 자폐스펙트럼장애autism spectrum disorder, ASD,

주의력결핍과잉활동장애^{attention deficit hyperactivity disorder, ADHD}(이하 ADHD), 범불안장애^{generalized anxiety disorder, GAD}를 갖고 있다. 이 질병들을 모두 갖고 있으면 인간다운 삶을 살기가 불가능할지도 모른다. 실제로 나는 종종 그렇게 느낀다. 자폐증을 갖고 산다는 것은 조종기 없이 컴퓨터 게임을 하거나, 팬이나 기구 없이 요리하거나, 악보 없이 연주하는 일과 비슷하다.

자폐스펙트럼장애를 가진 사람들은 일상에서 일어나는 사건들을 처리하고 이해하기가 다른 사람들보다 더 힘들다. 우리는 종종 필터 없이 보거나 직설적으로 말하며, 쉽게 격한 감정에 휩싸이고, 기이한 행동을 한다. 그래서 사람들은 우리의 재능을 간과하거나 무시하기도 한다. 나는 내 앞에 있는 탁자를 계속 두드리고, 끽끽거리는 괴상한 소음을 내며, 끊임없이 경련하는 등 나를 괴롭히는 신경성 틱 행동을 시도 때도 없이 한다. 잘못된 때에 잘못된 말을 하고, 영화의 슬픈 장면에서 웃으며, 중요한 순간마다 계속 질문을 던진다. 또 완전한 멜트다운^{meltdown}, 즉 자제심을 잃고 정신적 혼란에 빠지는 일을 결코 피할 수 없다. 내 마음이 어떻게 움직이는지 알고 싶다면 윔블던 테니스 결승전을 생각해보면 된다. 공, 그러니까 내 정신은 앞뒤로 왔다 갔다 하면서 점점 더 빨라진다. 위아래로 좌우로 튕겨 오르며 계속 움직인다. 그러다 갑자기, 변화가 생긴다. 선수가 미끄러지거나 실수하거나 상대의 허를 찌르는 것이다. 공은 통제를 벗어나고, 그러면 멜트다운이 시작된다.

이렇게 살면 정말 답답하지만, 완전히 자유롭기도 하다. 이 세상에 어울리지 않는다는 것은 내가 나만의 세상, 즉 스스로 자유롭게 규칙을 정할 수 있는 세상에 있다는 뜻이기도 하다. 게다가 시간이 지나면서 나는 괴상한 칵테일처럼 뒤섞인 내 신경다양성neurodiversity이 축복이기도 하다는 점을 깨달았다. 신경다양성은 내 삶의 강력한 무기로, 빠르고 효율적으로 문제를 완벽하게 분석하는 정신적 도구가 되어 나를 무장시켜주었다. 자폐스펙트럼장애를 가졌다는 것은 내가 세상을 다르게, 편견 없이 본다는 뜻이었다. 불안과 ADHD는 내가 '스카이콩콩'을 타듯 지루함과 강력한 집중 상태를 넘나들면서 빠르게 정보를 처리하며, 내가 처한 각각의 상황에서 나올 수 있는 온갖 결과를 머릿속으로 그려보게 해주었다. 나의 신경다양성은 인간이 된다는 것의 의미와 관련된 질문을 수없이 만들어냈지만 동시에 그 질문들에 답할 능력도 주었다.

나는 살아가면서 내게 무한한 즐거움을 안겨준 과학을 통해 이 질문의 해답들을 찾았다. 인간은 모호한 존재이며 종종 모순적이고 이해하기 힘들지만, 과학은 신뢰할 수 있고 명확하다. 과학은 거짓말을 하지도, 의도를 숨기지도, 뒷말을 하지도 않는다. 일곱 살 때 나는 삼촌의 과학책들과 사랑에 빠졌다. 어디에도 없던 정확하고 구체적인 정보들이 그 속에 가득했다. 일요일마다 나는 삼촌의 서재에서 과학책에 흠뻑 빠져들었다. 마치 잠겨있던 압력 밸브가 풀린 것 같았다. 나를 가장 혼란에 빠뜨렸던 것, 즉 타인을 설명하는 데 도움이 될 무언가를 생애 처음으로 찾았다. 세상이 보여주기를 거부했던 확실성을 찾아 끝없이 헤매온 내게, 과학은 충실한 조력자이자 가장 진실한 친구였다.

과학은 현재 내가 세상을 보는 렌즈를 마련해주었고, 내가 인간들의 행성을 탐험하면서 부딪힌 가장 불가사의한 인간 행동들을 많은 부분 설명해주었다. 과학은 전문적이고 난해하게 보일 수 있지만, 동시에 우리 삶에서 가장 중요한 것을 분명하게 밝힐 수 있다. 이를테면 암세포는 효율적인 협력에 관해 그 어떤 팀 빌딩(조직의 효율을 높이기 위한 팀워크 개발 기법-옮긴이) 훈련보다 더 잘 알려줄 수 있다. 우리 몸의 단백질은 인간관계와 상호작용에 대한 새로운 관점을 제시한다. 머신러닝은 우리가 더 체계적인 결정을 하도록 도울 수 있다. 열역학은 인간의 삶에 질서를 세우려는 노력을 설명하고, 게임이론은 예의범절이라는 미로를 헤쳐나갈 길을 보여주며, 진화는 인간들의 의견이 그토록 다양한 이유를 알려준다. 이처럼 과학 법칙을 이해하면 우리는 두려움의 근원, 관계의 기반, 기억의 작용, 의견 충돌의 원인, 감정의 불안정성, 독립성의 범위와 같은 인간의 삶을 있는 그대로 더 잘 이해할 수 있다.

내게 과학은 잠겨있는 세상의 문을 여는 열쇠다. 과학이 가르쳐주는 것들이 신경전형성neurotypical을 가진 사람이든 신경다양성을 가진 사람이든 상관없이 모두에게 중요하다고 믿는다. 인간을 더 깊이 이해하고 싶다면 실제 인간이 움직이는 방식, 즉 우리 몸과 자연계의 기능을 알아야 한다. 대부분의 사람이 교과서에서 다이어그램으로만 훑어본 생물학과 물리화학은 사실 고유한 특성, 체계, 의사소통 구조를 갖추고 있다. 그것들이 일상의 경험을 반영하기 때문에 인간을 설명하는 데 도움이 된다. 둘 중 하나를 이해하지 못한 채 다른 하나를 이해하려 하는 것은 내용의 절반이 없는 책을 읽는 것과 같다. 자기 자신과 주변 사람들을 더 명확하게 이해하려면 우리가 사는 세계와 인류를 설명하는 과학을 더 잘 이해해야 한다. 과학은 보통 사람들이 본능, 어림짐작, 가정에 기대는 영역에 명확성을 부여하고 해답을 제공할 수 있다.

나는 사람들과 인간 행동을 외국어처럼 습득해야 하는 사람이었다. 그러다가 거기에 능숙하다는 이들 사이에서도 어휘력과 이해력에 격차가 있다는 사실을 깨달았다. 그래서 나는 내가 필요해서 만들어야 했던 사용 설명서인 이 책이 우리의 삶을 결정하는 인간관계, 개인의 딜레마, 사회적 상황을 더 잘 이해하려는 모든 사람에게 도움이 되리라고 믿는다.

기억이 시작된 이후 내 삶을 지배해왔던 질문이 하나 있다. 원래 그렇게 프로그램되지 않았다면, 우리는 어떻게 타인과 연결되는가? 나는 사랑, 공감, 신뢰 같은 감정이 무엇인지 본능적으로 알지 못하는 사람이지만, 절실하게 알고 싶다. 그래서 나는 말과 행동, 사고방식을 시험해보면서 내 삶에서 직접 과학 실험을 했다. 완전한 인간은 아니더라도 최소한 내 동족 사이에서 제대로 된 역할을 하는 구성원이 되고 싶었다.

이 과제를 수행하면서 나는 (앞으로 이 책에서 만나게 될, 지지받지 못한 사람들과 다르게) 나를 돌봐주는 가족과 친구, 선생님의 지지와 사랑을 받는 행운을 얻었다. 내가 살면서 누린 이 모든 특혜에 보답하기 위해, 나는 출발점이 다른 상황에서 어떤 일이 가능한지, 어떤 성취를 이룰 수 있는지에 관해 내 경험을 나누고 싶다. 전형적인 자폐증으로 분류하기에는 너무나 '정상'으로 보여서 종종 고기능 자폐증으로 불리지만, 보통의 신경전형성으로 분류하기에는 너무나 괴이한 아스퍼거증후군Asperger's syndrome을 가진 사람으로서, 나는 내가 살아온 두 세계를 잇는 통역사라고 생각한다.

한편 나를 있는 그대로 보고 이해하는 사람도 존재한다는 깨달음 덕분에 내 삶이 바뀌었다. 내가 한 명의 인간이며, 나 자신이 될 권리, 정확하게는 나 자신이 될 의무가 있다는 것을 나는 깨달았다. 모든 사람에게는 자신의 말을 진지하게 들어주고 받아들여 줄 인간관계를 이어갈 권리가 있다. 특히 선천적으로 혹은 본능적으로 타고나지 못해 인간관계를 유지하려 분투해야만 하는 사람들이 그렇다. 내가 이 책에 풀어놓을 모든 경험과 생각을 통해 인간으로서 우리가 지닌 공통점의 중요성을 강조하고, 이를 성취할 새로운 방법을 제시할 수 있기를 바란다.

아스퍼거증후군과 ADHD를 지닌 내 뇌 속 이상한 세상으로의 여행에 당신을 초대한다. 정말 괴상한 곳이지만 따분해질 일은 절대 없을 것이다. 공책과 헤드폰을 챙기도록 하자. 나는 평소 헤드폰을 벗는 일이 거의 없는데, 헤드폰이 감각적으로 과부하가 걸리기 쉬운 나를 바깥세상과 차단해주는 뛰어난 방어 도구이기 때문이다. 두 가지를 갖췄다면 준비는 끝났다. 이제 출발해보자.

CHAPTER 1

상자 밖에서 생각하는 법

머신러닝과 의사 결정

"사람을 코딩할 수는 없어, 밀리. 그건 근본적으로 불가능해."

나는 열한 살이었고, 언니와 언쟁을 벌이는 중이었다.

"그러면 생각은 어떻게 하는데?"

당시 나는 우리가 인간으로서 생각하는 방식이 컴퓨터 프로그램이 작동하는 방식과 크게 다르지 않다는 점을 본능적으로 알고 있었지만, 이 사실을 제대로 이해하기까지는 몇 년이 더 걸렸다. 지금 이 책을 읽는 당신은 사고를 처리하는 중이다. 컴퓨터 알고리즘과 똑같이 인간은 데이터, 즉 지시, 정보, 외부 자극을 흡수하고 반응한다. 우리는 컴퓨터 속 디렉터리처럼, 훗날 사용하기 편하도록 데이터를 분류해서 우선순위에 따라 저장하고, 의식적이거나 무의식적인 결정을 내리는 데 이용한다. 인간의 마음은 매우 뛰어난 정보처리 기계이며, 이 경탄할 만한 능력은 인간만이 갖춘 독특한 특징이다.

우리 모두의 머릿속에는 슈퍼컴퓨터가 들어있다. 그런데도 우리는 매일 일상적인 결정을 내릴 때 실수를 저지른다. (오늘 어떤 옷을 입을지, 이메일을 어떻게 써야 할지, 점심 메뉴로 무엇을 고를지 고심하지 않는 사람이 있을까?) 우리는 어떻게 생각해야 할지 모르겠다고, 혹은 우리를 둘러싼 수많은 정보와 선택에 압도당한다고 말한다.

뇌처럼 강력한 기계를 마음대로 사용할 수 있는 한, 그 말은 사실일 리 없다. 의사 결정 방식을 개선하고 싶다면, 의사를 결정하는 전문 기관인 뇌를 더 효율적으로 사용해야 한다.

기계는 창의성이나 융통성, 감정적 인식이 부족하다는 점에서 인간의 뇌를 대체하기에는 부족하지만, 사고와 의사 결정을 더 효율적으로 하는 방법에 관해서라면 많은 것을 알려줄 수 있다. 머신 러닝machine learning을 연구하면, 정보를 처리하는 다양한 방식을 이해하고 의사 결정에 이르는 과정을 미세하게 조정할 수 있다.

이 장에서 나는 컴퓨터가 우리에게 알려줄 매우 다양한 의사 결정 방식들을 살펴볼 것이다. 그러나 우리 직관과 정반대되는 교훈이 하나 존재한다. 더 나은 의사 결정을 하기 위해, 정보에 접근하고 해석하는 방식을 더 체계화하거나 구조화하거나 중점적으로 다룰 필요는 없다는 것이다. 당신은 머신러닝이 우리를 그런 방향으로 이끌 것이라고 예상하겠지만 사실은 그 반대다. 앞으로 설명하겠지만 알고리즘은 통일성이 없고, 복잡성과 무작위성 속에서 번성하며, 환경의 변화에 효율적으로 반응하는 능력이 탁월하다.

이와 대조적으로 순응적이며 단순한 패턴을 추구하는 경향은 아이러니하게도 인간의 사고방식에서 나타난다. 기계는 복잡한 현실을 전체적인 데이터 집합의 또 다른 일부로 여겨 단순하게 접근하는 데 반해, 정작 그로부터 도피하는 것은 우리 인간이다.

결코 단순하거나 직접적일 수 없는 대상을 더 복잡한 방식으로 사고하는 통찰력과 위대한 자발성이 우리에게는 필요하다. 컴퓨터가 인간보다 더 쉽게 틀에서 벗어나 사고한다는 사실을 이제 인정할 때다. 그러나 좋은 소식도 있다. 바로 컴퓨터가 우리에게 새로운 방식으로 생각하는 방법을 가르칠 수 있다는 사실이다.

머신러닝이 인간의 뇌를 가르친다면

당신은 아마 머신러닝이라는 개념을, 상당히 많이 언급되는 인공지능artificial intelligence, AI이라는 단어와 함께 들었을 것이다. 인공지능은 앞으로 다가올 공상 과학의 거대한 악몽으로 곧잘 표현된다. 그러나 인공지능은 인류가 알고 있는 가장 강력한 컴퓨터, 즉 당신의 머릿속에 들어있는 컴퓨터에 비하면 새 발의 피에 불과하다. 의식적 사고, 직관력, 상상력 측면에서 뇌의 능력은 지금까지 만들어진 그 어떤 컴퓨터 프로그램과도 비교할 수 없다. 방대한 양의 데이터를 빠르게 처리하고, 명령에 입력된 추이와 패턴을 발견하는 알고리즘의 능력은 놀라울 정도로 강력하지만 한편으로는 극도로 제한적이기도 하다.

머신러닝은 인공지능 분야의 하나로 개념은 단순하다. 패턴을 학습하거나 인지할 수 있는 알고리즘에 데이터를 대량으로 입력한 뒤, 그 결과를 새롭게 입력되는 정보에 적용한다. 이론적으로 알고리즘은 데이터를 더 많이 입력할수록 앞으로 제시될 비슷한 상황을 더 잘 이해하고 해석할 수 있다.

머신러닝을 통해 컴퓨터는 개와 고양이를 구별하고, 질병의 특징을 연구하며, 특정 기간에 가정, 나아가 전국 송배전망에서 에너지를 얼마나 사용할지 예측할 수 있다. 프로 체스 선수나 바둑 기사를 능가한 성취는 말할 것도 없다.

이런 알고리즘은 우리 주변 어디에나 있으며 비현실적으로 많은 양의 정보를 처리해 넷플릭스가 당신에게 어떤 영화를 추천할지부터 주거래 은행이 언제 당신이 사기를 당했다고 판단할지, 어떤 이메일을 스팸 메일로 분류할지까지 모든 것을 결정한다.

인간의 뇌에 비하면 하찮을지 몰라도, 이 기본적인 컴퓨터 프로그램은 우리에게 인간의 뇌를 더 효율적으로 사용하는 방법을 가르칠 수 있다. 이 방법을 이해하려면 머신러닝에서 가장 보편적인 기술 두 가지를 살펴봐야 한다. 바로 지도 학습과 비지도 학습이다.

지도 학습

지도 학습supervised learning은 얻어야만 하는 특정 결과를 염두에 두고, 그 결과를 도출해내도록 알고리즘을 프로그래밍하는 것이다.

마치 수학 문제집을 풀 때와 비슷하다. 문제의 답은 책 뒷부분에서 확인할 수 있지만, 어려운 부분은 그 답에 이르는 과정이다. 당신이 프로그래머로서 답이 무엇인지 알고 있다면 이는 지도 학습이다. 이때 당신에게 주어진 목표는 다양하고 폭넓은 잠재적 입력값들에서 항상 정답을 도출하는 알고리즘을 만드는 것이다.

예를 들어, 자율주행 자동차의 알고리즘이 신호등의 빨간불과 파란불을 구별하고 보행자를 항상 인식할 수 있도록 보장하는 방법은 무엇일까? 암을 진단하는 알고리즘이 종양을 정확하게 찾는다고 어떻게 보증할 수 있을까?

이와 같이 대상을 정확하게 분류해야 하는 알고리즘에 지도 학습이 주로 적용된다. 이 알고리즘은 현실 세계의 다양한 상황에서 분류의 신뢰도를 입증하면서 시간이 지날수록 향상된다. 지도 학습은 효율성이 매우 높고 다양하게 적용할 수 있는 알고리즘을 생성하지만, 사실은 정보를 아주 빠르게 분류하며 많이 사용할수록 더 나아지는 분류 기계 그 이상은 아니다.

비지도 학습

이와 대조적으로, 비지도 학습unsupervised learning은 도출해야 할 결과에 관한 개념이 없는 상태에서 시작한다. 여기서는 알고리즘이 도출해야 할 정해진 답이 없다. 대신 데이터를 처리해 내재하는 패턴을 식별하도록 프로그램된다. 예를 들어, 유권자나 소비자 집단에 관한 특정 데이터를 이용해서 해당 집단의 동기를 분석하고 싶다면, 비지도 학습을 통해 이들 집단의 행동을 설명하는 데 도움이될 추이를 탐색하고 설명할 수 있다. 특정 연령대의 사람들은 특정시간에 특정 장소에서 쇼핑할까? 특정 정당에 투표한 해당 지역 사람들을 결속하는 요인은 무엇인가?

면역계의 세포 구조를 탐색하는 내 연구에서도 비지도 학습 머신러닝을 이용하여 세포 집단에서 패턴을 찾아냈다. 나는 세포 집단에서 패턴을 찾고 있었지만 패턴이 어떤 형태일지, 또 어디에 있을지 알 수 없었기에 비지도 학습으로 접근했다. 이를 군집화$^{\text{cluster-}}$^{ing}라고 하는데, 데이터를 A, B, C로 분류하려는 선입견 없이 공통점 혹은 공통 주제를 기준으로 분류한다. 탐색해야 할 영역은 알고있지만 그 범위가 광대해서 어떻게 접근해야 할지 모를 때, 대규모의 유용한 데이터에서 어느 것을 탐색해야 할지조차 막막할 때 적절한 방법이다. 미리 정한 결론에 꿰맞추기보다 데이터 자체가 말해주기를 바랄 때 특히 유용하다.

의사 결정: 상자 vs 나무

인간이 의사 결정을 할 때도 방금 설명한 머신러닝과 비슷한 선택지가 있다. 먼저 지도 학습 알고리즘과 매우 비슷하게, 도출할 수있는 결과의 수를 임의로 정하고 그중에서 원하는 답변을 하나 고르는 하향식 방법으로 문제에 접근할 수 있다. 예를 들어 기업에서

입사 지원자가 특정 자격과 최소한의 경험을 갖추었는지 판단할 때처럼 말이다.

또는 비지도 학습처럼 바닥에서 시작해 상향식으로 증거를 쌓아 올리거나, 세부 사항을 탐색해 결론이 유기적으로 드러나도록 할 수도 있다. 앞서와 같이 신규 채용을 예로 들면, 미리 결정된 고용주의 편협한 기준에 따라 의사 결정을 하기보다는 모든 입사 지원자의 장점을 고려하고, 공개된 모든 증거, 즉 지원자의 성격, 발휘할 수 있는 기술, 일에 대한 열정 및 관심도와 헌신도를 살펴보는 것이라고 할 수 있다.

이런 상향식 접근법은 자폐스펙트럼에 있는 사람들에게 필요한 첫 번째 기항지다. 우리는 세밀하고 전문적인 사항을 그러모아 결론 내리기를 좋아하기 때문이다. 사실대로 말하자면 우리는 결론에 이르기 전에 모든 정보와 선택 사항을 조사해야만 한다.

나는 이 접근법들이 각각 상자 만들기(지도 학습 의사 결정) 혹은 나무 키우기(비지도 학습 의사 결정)와 비슷하다고 생각한다.

상자 속에서 생각하기

상자는 안심이 되는 선택이다. 상자는 유용한 증거와 대안을 모아 모든 측면을 살필 수 있도록 정돈된 형태로 만들며, 선택지가 명확하다. 상자를 만들어서 쌓고 그 위에 올라설 수도 있다. 상자는 크기와 형태가 같고, 일관되며, 논리적이다. 상자 속 사고방식은 정돈되고 깔끔하기 때문에 선택을 분명하게 인지할 수 있다.

이와 대조적으로 나무는 유기적으로 자라며 때로는 통제를 벗어나기도 한다. 나무에는 수많은 가지가 자라며 각 가지에는 나뭇잎이 무리 지어 돋고, 나뭇잎 자체에도 온갖 종류의 복잡성이 숨어 있다. 나무는 우리를 사방으로 이끌 수 있고, 그중 상당수는 의사 결정의 막다른 길이나 완벽한 미궁으로 밝혀진다.

그러면 어느 쪽이 나을까? 상자, 아니면 나무? 정답은 '둘 다 필요하다'이다. 하지만 아주 많은 사람들이 상자에 틀어박혀 있는 것이 현실이며, 의사 결정 나무의 첫 번째 가지까지도 절대 올라가지 않는다.

확실히 나도 예전에는 그랬다. 나는 언제나 상자 속에서 생각하는 사람이었다. 이해하지도 않았고, 이해할 수도 없었던 너무나 많은 것을 마주하면서, 나는 내가 손에 쥘 수 있는 정보의 마지막 한 조각에까지 집착했다. 주중 오전 10시 48분에 나는 구운 토스트 냄새와 여학생들이 무리 지어 재잘거리는 소리 사이에서 나는 놀이 삼아 컴퓨터 게임과 과학책에 몰두했다.

기숙학교에 다니는 내내, 밤마다 나는 나만의 고독에 파묻혀 과학책과 수학책을 읽고 마음에 드는 문장을 옮겨 적는 데 열중했다. 과학책과 수학책은 믿음직한 사용 설명서였다. 다양한 과학책으로 이 일을 반복하면서, 이유도 모른 채 그저 내 앞에 놓인 현실의 매혹적인 지식을 정의하는 일의 정점에 이르렀고 나는 무한한 즐거움과 위안을 얻었다. 그것은 내가 통제할 수 있는 논리였다. 내가 읽은 지식은 '올바르게' 먹는 법, '올바르게' 사람들과 대화하는 법,

'올바르게' 교실을 오가는 법 따위의 규칙을 정하는 데 도움이 되었다. 나는 좋아하는 것을 알아내고, 내가 알아낸 것을 다시 좋아하는 틀에 박힌 생활을 이어갔다. 안전하고 신뢰할 수 있다는 이유로 무수히 많은 '해야 하는' 시리즈를 자발적으로 반복했다.

책을 읽지 않을 때면 관찰을 하곤 했다. 차를 타고 갈 때 자동차 번호판을 외우고, 저녁 식탁에 앉아서는 사람들의 손톱 모양을 오래도록 바라보았다. 학교에서는 아웃사이더였던 나는 내 세상에 들어오는 새로운 사람들을 이해하기 위해, 지금은 분류라고 인지한 작업을 정기적으로 했다. 새 인물은 내가 이해하기 위해 분투해야 했던 무언의 사회적 규칙과 행동이 지배하는 이 세상에서 어디에 들어맞을까? 이 사람은 어떤 집단에 이끌릴까? 나는 어떤 상자에 이 사람을 집어넣어야 할까? 심지어 어릴 때 나는 실제로 종이 상자 안에서 자겠다고 끊임없이 우겼고, 안전한 울타리 안에서 보호받는다는 느낌을 즐겼다(엄마는 상자 옆에 뚫어놓은 문으로 내게 과자를 쥐여주셨다).

상자 속에서 생각하는 사람이었던 나는 내 주변 세상과 사람들에 관해 모든 것을 알고 싶었고, 내가 더 많은 데이터를 모을수록 더 나은 결정을 내릴 수 있다고 스스로를 안심시켰다. 하지만 모은 정보를 효과적으로 처리할 방법이 없었기에 쓸모없는 잡동사니로 가득 찬 상자만 점점 늘어났다. 그 상자들은 호더(물건을 버리지 못하고 모으는 강박장애를 겪는 사람-옮긴이)가 차마 버리지 못하는 쓰레기나 다름없었다. 나는 이 과정 때문에 거의 움직일 수 없게 되었고, 때로는 몸을 어느 각도로 유지해야 하는지에 집중하느라 침대에서 벗어날 때조차 고군분투해야 했다. 내 마음속에 아무 상관 없는 정보들을 담은 상자가 더 많이 쌓여갈수록 나는 점점 더 방향을 잃고 지쳐갔으며, 급기야 모든 상자가 전부 똑같아 보이기 시작했다.

나는 정보나 설명을 완전히 문자 그대로 해석하기도 했다. 한번은 부엌에서 엄마를 도와드렸는데, 엄마가 요리 재료를 몇 가지 사 오라고 했다. "사과 다섯 개를 사고, 달걀이 있으면 열두 개 사 오렴." 내가 사과 열두 개를 사 왔을 때 엄마가 얼마나 화났을지는 상상에 맡기겠다(가게에서는 달걀도 팔고 있었다). 상자 속에서 틀에

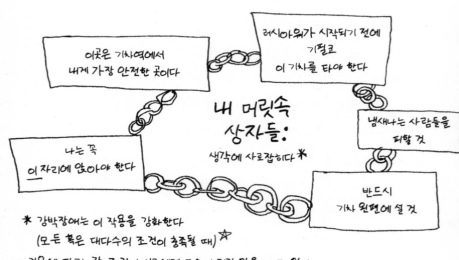

내 머릿속 상자들:
생각에 사로잡히다 *

이곳은 기차역에서 내게 가장 안전한 곳이다

러시아워가 시작되기 전에 기필코 이 기차를 타야 한다

나는 꼭 이 자리에 앉아야 한다

냄새나는 사람들을 피할 것

반드시 기차 왼편에 설 것

* 강박장애는 이 작용을 강화한다
  (모든 혹은 대다수의 조건이 충족될 때) ☆
• 경우에 따라 각 조건이 서로에게 도움이 되지 않을 때도 있다

갇힌 사고를 하는 내게 그런 지시 사항은 '문자 그대로'라는 한계를 벗어날 수 없었고, 지금까지도 나는 거기서 벗어나려 노력하는 중이다. 최근까지도 나는 '라이프대학교the university of life'(배움의 터전인 학교에 삶을 비유한 표현 – 옮긴이)가 실제 입학할 수 있는 학교라고 생각했다.

물론 분류는 강력한 도구이며 어떤 옷을 입을지, 무슨 영화를 볼지 같은 문제에서 즉각적으로 결정하는 데 유용하다. 그러나 정보를 처리하고 해석하며, 미래를 알기 위해 과거의 증거를 이용해서 까다로운 결정을 내리는 능력을 심각하게 억압한다.

틀에 갇힌 사고는 우리의 삶을 분류함으로써 너무 많은 길을 폐쇄하고 도출할 수 있는 결과의 범위를 제한한다. 우리가 출근하는 길은 딱 하나뿐이고, 아는 요리법은 손가락에 꼽으며, 항상 똑같은 장소만 간다. 상자 속 사고는 이미 아는 것과 이미 수집한 삶의 '데이터'로 우리의 시야를 좁힌다. 우리를 속박하는 편견에서 벗어나 대상을 다른 관점에서 보거나 새롭고 낯선 것을 시도할 여유를 남겨두지 않는다. 마치 체육관에서 매일 같은 운동만 하듯 정신도 그렇게 하는 것이다. 시간이 흐르면 몸은 운동에 적응해서, 처음처럼 놀라운 결과는 얻을 수 없다. 목표를 이루려면 스스로 계속 도전해야 하며, 오래 머물수록 더 좁아지는 상자에서 탈출해야 한다.

알고리즘이 햄스터와 쥐를 구별하는 것처럼, 상자 속 사고는 우리가 내리는 모든 결정이 옳은지 그른지를 명확하게 살펴보고 그에 따라 라벨을 붙이도록 격려하기도 한다. 뉘앙스나 회색 지대, 아직 고려하지 못했거나 알아내지 못한 것에 여지를 남기지 않는다. 사실 우리가 즐기거나 잘하는 것이 바로 이런 부분이다. 상자 속 사고를 하는 사람은 좋아하는 것, 삶에서 원하는 것, 잘하는 것으로 자기 자신의 특성을 분류하는 경향이 있다. 이 분류법을 더 깊이 수용할수록 그 경계선을 넘어가 탐색하고 자신을 시험해보려는 의지는 더 줄어든다.

만약 반대의 결론이 사실이어야 할 때, 그 결론에 유용한 데이터를 통제하는 것 역시 근본적으로 비과학적이다. 증거를 살펴보지 않더라도 삶의 모든 질문에 대한 해답을 알고 있다고 진실로 믿지 않는 한, 상자 속 사고는 좋은 결정을 내리려는 당신의 능력을 억누를 것이다. 명확하게 설명된 선택 목록을 보면 기분이 좋을 수는 있겠지만 아마 그것은 거짓 위안일 것이다.

바로 이것이 우리가 의사 결정을 할 때 일반적으로 사용하는 상자 속 사고를 벗어나 새로운 사고를 해야 하고, 비지도 학습 알고리즘에서 한두 가지 정도는 배워야 하는 이유다(혹 원한다면 어린 시절로 돌아가 나무를 타보는 것도 괜찮다).

깔끔하고 논리적으로 보이는 방법 대신 엉망이고 체계적이지 않은 방법을 추천해서 놀랐을 수도 있다. 과학적인 정신은 자연스럽게 논리 정연한 방법에 이끌리지 않을까? 글쎄, 그렇지 않다. 사실 그 반대다. 나무는 제멋대로 뻗어나가지만, 바로 그 본질 때문에 상자의 날카로운 모서리보다 우리의 삶을 더 진실하게 나타낸다. 상자 속 사고는 정보를 즉시 저장하고 처리해야 하는 내 자폐스펙트럼장애에 위로를 주었지만, 시간이 흐르면서 나는 군집화 알고리즘이 내 주변 세계를 이해하고 세상을 헤쳐나가는 길을 탐색하는 데 훨씬 더 유용하다는 사실을 깨달았다.

우리는 모두 모순과 불가측성, 무작위성을 헤쳐나가는데, 이들은 삶을 현실로 만드는 요소다. 이런 상황에서 우리는 종종 둘 이상의 선택지 중에서 선택해야 하며, 이때 고려해야 할 증거들이 정돈되어 파일로 쌓여있지도 않다. 깔끔한 상자 모서리는 든든하지만 환상일 뿐이다. 현실의 그 무엇도 그렇게 딱 떨어지지 않기 때문이다. 상자는 고정되어 있고 휘어지지도 않지만, 우리의 삶은 역동적이며 계속 변한다.

상자와 달리 나무는 인간처럼 계속 진화한다. 또한 나무의 수많은 가지는 상자의 몇 안 되는 모서리와 비교할 때 더 많은 결과를 상상하게 하며, 이는 다양한 선택으로 이어진다. 결정적으로, 나무는 확장성을 갖추고 있어서 우리의 의사 결정을 이상적으로 지원할 수 있다. 나무는 프랙털^{fractal} 구조(부분과 전체가 비슷한 자기 유사성을 보여주는 기하학적 구조-옮긴이)로 멀리서 전체를 볼 때와 가까이서 부분을 볼 때 모습이 유사하기 때문에 문제가 아무리 크고 복잡해도 목적을 이룰 수 있다. 구름, 솔방울, (슈퍼마켓에 많지만 절대 사지 않는) 로마네스코 브로콜리처럼, 프랙털은 규모나 관점에 상관없이 같은 구조를 유지한다. 상자가 형태 때문에 매우 일시적인 연관성으로 한계가 분명한 반면, 나무는 이곳에서 저곳으로, 이 기억에서 저 기억으로, 이 결정에서 저 결정으로 가지를 뻗을 수 있다. 나무는 서로 다른 맥락과 주장을 넘나들며 제 역할을 한다. 한 가지 주제에 집중할 수도 있고, 삶의 전체 줄거리를 파악하려 할 수도 있다. 의사 결정에서 나무는 핵심이 되는 형태를 계속 간직하면서도 당신의 믿음직한 동맹으로 남을 것이다.

과학은 우리에게 복잡한 현실을 수용하라고 가르친다. 얽히고설킨 것들이 사라지길 바라며 현실을 매끄럽게 다듬으라고 가르치지 않는다. 우리는 조화를 이루지 않는 대상을 탐색하고 질문하고 수용한 뒤, 이해하고 결정할 뿐이다. 의사 결정을 내릴 때 더 과학적으로 하고 싶다면, 패턴을 감지하고 결론을 끌어내기를 바라기 전에 무질서를 수용해야 한다. 즉 우리가 나무처럼 생각해야 한다는 뜻이다.

나무처럼 생각하기

나무처럼 생각하는 방식은 나를 구원했다. 출근하는 일처럼 여러분 대부분에게는 평범하게 보이지만 내게는 넘을 수 없는 장벽이 되곤 하는 일상을 살아가도록 도와주었다. 예상치 못한 군중, 소음이나 냄새, 계획대로 되지 않는 일 등 무엇이든 나를 멜트다운으로 몰아갈 수 있다.

자폐스펙트럼장애 때문에 확실한 것을 추구하기는 하지만, 나에게 가장 단순한 의사 결정법이 유용하다는 뜻은 아니다. 나는 어떤 일이 일어날지 알고 싶지만, A에서 B까지 가는 최단 직선 경로를 받아들일 준비가 되어있지는 않다(또한 경험과 빈번한 불안장애를 통해 그 최단 직선 경로가 절대 쉬운 길이 아니란 사실도 알고 있다). 오히려 반대다. 나는 내 주변에서 보고 듣는 모든 것을 바탕으로 온갖 가능성 사이를 질주하려는 내 마음을 멈추려 애쓰기 때문이다. 지붕에 앉은 검은 새 같은 것에 시선을 뺏기면, 그 새는 어떻게 지붕에 올라갔고 다음에는 어디로 갈지 따위를 생각하느라 내 세계의 약속은 지키지 않고, 메시지에는 답장하지 않으며, 시간 감각은 사라진다. 혹은 소나기가 내린 뒤 인도에서 건포도 비슷한 냄새가 나는 걸 깨닫는 순간, 가로등 기둥에 부딪힐 뻔하며 정신이 산란해진다.

우리가 인식하는 것은 전체의 절반뿐이다. 내 마음은 내가 관찰하고 경험한 것의 미래의 가능성을 보여주는 만화경이다. 그래서 나는 도장을 다 찍었지만 전혀 사용하지 않은 카페 쿠폰을 여러 장 가지고 다닌다. 지금보다 더 절실하게 필요할 때가 있을지, 아니면 이 쿠폰을 쓸 기회가 생기기 전에 카페가 문을 닫을지, 둘 중 어느 쪽의 위험이 더 클지 알 수 없다. 그러나 최종 결과는 아무 일도 일어나지 않는 것이다. (하지만 주목할 것. 나는 먼 미래에 대한 이런 예상 중 어느 것도 잘못됐다고 생각하지 않는다. 이런 일들은 아직 일어나지 않았을 뿐, 여전히 일어날 수 있는 일이다.)

여기에 더해 ADHD는 내 시간 인지능력을 찌그러뜨리고 늘어뜨리며, 때로는 시간이 완전히 사라지게 할 수 있다. 정보는 빠르게 마음을 스쳐 지나가고 다리는 쉬지 않고 떨린다. 일주일 분량의 생각과 감정을 한 시간 안에 모두 겪는 것처럼 느끼기도 한다. 희열과 낙담 사이를 폭넓게 오가며 한순간은 세상이 빛난다고 생각했다가 다음 순간에는 재앙이 닥쳤다고 생각한다. 투두 리스트to-do list(해야 할 일의 목록-옮긴이)를 만들기에는 적합하지 않은 특성이다.

같은 이유로 나는 생산성을 높이기 위해 오히려 혼란스러운 작업 환경에 의지한다. 여기저기에 논문이 널려있고, 손에 잡히는 아무것에나 메모하고, 주변에 물건을 쌓아놓으면서 방 안의 백색소음에 파묻힌다. 내 머릿속에서 끊임없는 울리는 소음을 제거하는 예초기처럼, 이 '혼돈'은 집중할 수 있도록 나를 격려한다. 학교에서 배운 것과는 반대로, 고요함은 내가 집중하는 데 도움이 되지 않으며 오히려 하던 일을 그만두게 하는 압박감을 만들어낸다.

내 뇌는 확실성을 갈망하면서 동시에 혼돈을 먹고 산다. 계속 움직이기 위해 나는 모든 것을 심사숙고하려는 욕구와 언제 어디서 무엇을 하게 될지 정확하게 아는 질서 정연한 삶에 대한 욕망을 모두 만족시킬 수 있는 기술을 개발해야 했다.

의사결정나무decision tree는 때로는 혼란한 방법으로 확실한 결말에 도달할 수 있도록 나를 이끈다. 이는 가능성 있는 여러 결과 중 하나로 최소한 내가 아는 결말이다. 의사결정나무는 어쨌든 내 사고방식이 시행할 것임을 알고 있는 결과에 구조를 제공하며, 이는 끝없는 가능성을 헤치고 나가는 경주와 같다. 그러나 결국 유용하고 확실한 결론을 내리는 방향으로 나를 이끌어간다. 이를 통해 나는 모든 달걀을 한 바구니에 담는 리스크를 피할 수 있는데, 이 과정에서 겉으로나마 약간의 냉담한 태도를 유지할 수 있다.

아침 출근길을 생각해보자. 기차를 타고 런던을 가로질러 출근한다. 내게 출근길은 불안장애가 공격하려고 기다리는 길이다. 사람들로 가득한 객차, 소음, 냄새, 압박감 가득한 공간. 의사결정나무는 그 모든 것이 멜트다운을 촉발할 가능성을 최소화하도록 돕는다. 나는 어떤 기차를 타야 하는지 알고, 기차가 연착하거나 취소되어 지각하게 되면 어떻게 할지 생각한다. 앉고 싶은 자리가 어디인지 알고 있으며, 그 자리에 누가 앉아있거나 객차가 너무 시끄럽다면 어떤 조치를 취할지도 안다. 멜트다운이 일어나지 않는 여행을 보장하는 데 필요한 모든 것을 생각한다. 적절한 출근 시간은 러시아워 전이고, 선호하는 자리는 기차에서 냄새가 가장 덜 나는 곳이며, 기차를 기다릴 정확한 승강장 위치까지 생각하고 나면, 나는 가지에서 각각 뻗어나간 나뭇가지를 흔들어본다. 생각한 것 중 하나라도 어긋날 때를 대비하기 위해서다. 나는 확률이라는 줄에 매달린 꼭두각시 인형처럼, 마구에 매인 채 앞으로 나아가며 나뭇가지들 사이로 움직인다. 스트레스를 받으면 부서질 위험이 큰 고정된 루틴을 정하는 대신, 출근을 위한 의사결정나무를 여러 개 만들었다. 내가 미처 생각하지 못한, 자제력을 잃게 할 사건과 마주치지 않기를 바라면서, 웬만해선 절대 일어나지 않을 온갖 종류의 시나리오를 머릿속에서 살펴본다.

이 여행이 안전하다고 스스로를 안심시키기 전에, 엉망인 이 정신적 계획을 통과해야 한다. 내가 움직이는 데 필요한 확실성이라는 감각을 얻기 위해서는 의사결정나무의 명백한 혼돈이 꼭 필요하다.

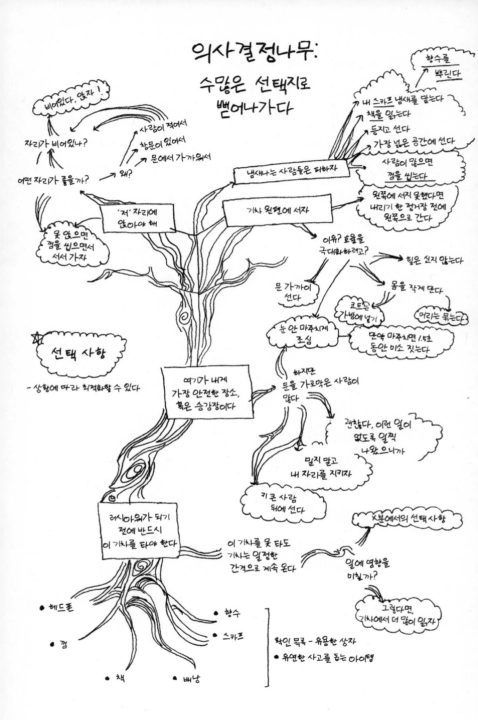

당신에게는 아마 엄청나게 번거로운 일처럼 들릴 일이다(그 생각이 맞다!). 그리고 분명히 말하는데 나는 당신에게 나처럼 전쟁 같은 모닝 루틴을 시작하라고 권하는 것이 아니다. 이렇게 하지 않으면 나는 생각에 압도당해서 아예 집을 나서지 못한다. 그러나 신경전형적인 직관이나 방식이 잘 적용되지 않는 더 복잡한 의사 결정을 할 때는 당신에게도 이 방법이 괜찮을 거라고 생각한다.

자폐스펙트럼장애와 ADHD를 갖고 있는 내 뇌에서는 너무 많은 생각으로 인한 마비를 막는 일이 주로 문제가 되지만, 반대의 경우도 문제이긴 마찬가지다. 모든 주요 의사 결정을 둘러싼 데이터 집합을 충분히 깊이 탐색하지 않고 다양한 가능성과 결과를 고려하지 않는다면, 그리고 다양한 의사 결정으로 이어지는 나뭇가지가 일제히 닫히거나 열리지 않는다면, 당신은 사실상 눈가리개를 한 채 선택하는 셈이다. 물론 우리는 미래를 예측할 수 없지만, 데이터 포인트를 충분히 수집하고 가능성이 큰 계획을 구상하면 대부분 상황에서 제대로 된 지도를 손에 쥘 수 있다. 내가 나 자신을 안심시키고 일상생활에서 불안장애를 억누르기 위해 하는 일은 당신이 삶에서 어려운 결정을 내리는 데 유용할 수 있다. 의사결정나무를 이용하면 당신이 아는 것에서 출발해 당신이 추구하는 결정을 내리는 데까지 도달할 수 있다. 관행이나 미리 정해놓은 결과가 아니라 증거가 당신의 결정을 이끌 것이고, 다양한 결과와 각 결과가 미치는 영향을 스스로 고려할 수 있을 것이다.

의사결정나무는 보통 사람들이 즐겨 하지만 내게는 혼란스러운 열린 질문을 이해하는 데도 필요하다. 누군가가 내게 "오늘 뭐 할 거야?"라고 묻는다면, 나는 본능적으로 "글쎄요, 잘 모르겠어요"라고 대답할 것이다. 완전한 자유의 혼돈에서 의사 결정까지 이르는 길을 그리려면 나에게는 구체적인 선택지, 즉 여전히 우회할 수 있는 대안을 남겨놓은 나뭇가지가 필요하다. 나무는 숨겨진 다수의 사건과 어떤 결정에 내재한 변수를 노선도로 바꾼다. 그렇게 해서 나무는 모든 대화를 밀림 속의 오지 여행으로 바꿀 수도 있지만 최소한 내가 밀림을 헤쳐나갈 길은 알려준다.

이와 반대로 상자 속에서 생각하는 방식은 대개 감정의 조합이나 배짱으로 의사를 결정한다. 감정이나 배짱은 둘 다 신뢰할 수 없다. 내 말을 믿어도 좋다. 감정에 휘둘려 즉흥적인 의사 결정을 내릴 때 어떻게 되는지 알고 싶다면 ADHD를 직접 겪어보는 것이 최고다. 좋은 시간이 되시길.

좋은 의사 결정은 보통 확실성을 가정하는 데서 나오지 않으며 혼돈, 다른 말로는 증거라는 것에서 나온다. 당신은 결론에서 시작하는 것이 아니라 바닥에서 시작해 결론을 향해 위로 쌓아 올려야 한다. 그렇게 하려면 당신은 나무를 타고 올라가야 한다.

그래서, 대체 어떻게 결정하냐고?

나무가 이론적으로는 매우 훌륭하지만, 당신은 이렇게 생각할 수도 있다. 가지가 너무나 많다면 실제로는 어떻게 의사를 결정할까? 우리가 상상한 수많은 경이로운 복잡성 속에서 길을 잃을 위험은 없을까?

그렇다, 길을 잃을 수도 있다(내 세상에 온 걸 환영한다!). 하지만 머신러닝이 당신의 뒤를 봐주고 있으니 걱정할 필요는 없다. 알고리즘이 방대한 양의 데이터를 꼼꼼하게 살펴 결론을 끌어내는 방식에서 배울 점이 많다. 이는 일상 환경에서 당신이 의사결정나무를 활용할 때 반드시 해야 할 일이다.

모든 머신러닝 과정은 기본적으로 유용한 데이터에서 노이즈를 걸러내는 변수선택feature selection에서 시작한다. 우리는 증거의 범위를 좁히고 우리를 어딘가로 이끌어줄 정보에 집중해야 한다. 즉 이후 당신은 매개변수를 설정해야 한다.

이 과정은 어떻게 해야 할까? 여러 방법이 있지만 비지도 학습 머신러닝에서 가장 일반적인 방법은 'k-평균군집분석k-means clustering'이다. 데이터 집합에서 데이터가 서로 얼마나 유사한지에 따라 군집을 찾아내는 것이다. 기본적으로 비슷하게 생겼거나 특정한 공통점이 있는 데이터를 한 군집으로 묶어서 특정한 수의 군집을 만든 뒤, 이 군집을 이용해 당신의 가정을 시험하고 발전시킨다. 결과가 어떻게 나올지 모르므로 당신은 결과에 열린 마음을 갖게 되며, 처음부터 데이터에서 어떤 추론이 나올지에만 집중한다. 즉, 데이터가 스스로 말하도록 기다린다.

이렇게 하면 정말 우리가 늘 하는 의사 결정과 크게 다를까? 대

수롭지 않은 결정이든 삶을 바꾸는 중요한 결정이든, 우리는 항상 시험하고 군집화할 데이터 포인트를 갖고 있다. 예를 들어 옷을 고르는 일이라면 입었을 때 기분이 좋은지, 상황에 적절한지, 다른 사람들이 이 옷을 어떻게 생각할지 등이 있다. 해외에서 일할지 말지 결정한다면, 제안받은 연봉부터 생활 방식, 친구나 가족과의 근접성, 직업에 대한 포부까지 데이터 포인트의 범위가 넓어진다.

중대한 결정을 앞두고 마음속으로 '어디서부터 시작해야 할지 모르겠어'라고 한 번이라도 생각한 적 있다면, 변수선택은 괜찮은 시작점이다. 선택하기 벅차더라도 수많은 대안적 가능성을 고려하게 해주며, 더 강력하고 더 많은 자율권을 부여할 것이다.

먼저 당신은 정신을 산만하게 하는 것들에서 정말 중요한 것만 분리해야 한다. 이때 주요 결정 기준은 그것이 당신에게 지금, 혹은 앞으로 어떤 기분을 느끼게 할지이다. 그다음에는 공통점이 있는 것들을 군집으로 묶는데, 나는 A에서 B로 가는 데 도움이 되는지, 특정 욕구나 포부를 충족하는지를 기준으로 삼는다. 이렇게 군집으로 분류하면 의사결정나무의 가지를 뻗어나가기 시작할 수 있고, 데이터 포인트 사이의 연관성을 볼 수 있다. 이 과정은 당신이 마주한 실제 선택지를 드러내며, 머릿속에 가장 먼저 떠올린 것과 반대일지 모른다(어쩌면 포모증후군FOMO, 즉 소외되는 것에 대한 두려움이나 소셜 미디어에 있는 낯선 사람의 그럴듯한 판단 때문일 수 있다). 그러한 요인들은 당신과 분리된 채 스스로 나무에 존재하며, 비슷한 것끼리 단순 비교할 수 없다.

빨간 셔츠를 입을지 검은 셔츠를 입을지, 이 직업을 택할지 저 직업을 택할지는 결코 진정한 선택이 아니다. 그저 여러분이 진실로 원하는 것의 상징이자 표현일 뿐이다. 데이터를 분류해서 의사 결정나무를 세울 때에야 비로소 당신 앞에 펼쳐진 선택지들을 탐색할 방법을 볼 수 있고, 의미 있는 결과(예를 들면 '그것이 나를 행복하고 충만하게 해줄까?')에 근거한 의사 결정에 도달할 수 있다.

이 방법은 우리가 존재한다고 믿고 싶어 하는 '네' 혹은 '아니요' 같은 이분법적 결정보다 항상 더 복잡하다. 우리는 즉각적인 선택 기준보다 더 깊이 파고들어서 의사 결정을 앞둔 우리의 감정, 야망, 희망, 공포 같은 데이터를 발굴하고, 그것들이 모두 어떻게 연결되며, 어떤 것이 우리를 어디로 이끄는지 이해해야 한다. 그러면 특정 선택이 우리에게 가져다주거나 가져다주지 못할 것을 더 현실적으로 볼 수 있다. 삶에서 가장 중요한 것에 관한 기본 원칙을 근거로 중요한 일을 결정하고, 우리 주변에 흩뿌려진 상자에 자신을 끼워 맞추는 일은 줄인다. 이 상자들은 그저 우리의 감정적 응어리와 즉각적인 본능을 나타내며, 이렇게 쌓여있는 상자 속에는 행동하는 법에 관한 사회적 '의무'("젊었을 때 세상을 돌아다녔어야 했는데", "해외에서 위험한 직업을 갖는 대신 정착했어야 했는데" 등등)가 종종 들어있다. 정신 건강의 변동성은 자연스럽게 이런 상자들을 열어 젖히기 때문에 종종 승산 없는 싸움으로 여겨지곤 한다.

머신러닝 과정에서는 증거를 어떻게 활용해야 하는지도 배울 수 있다. 변수선택과 k-평균군집분석은 우리를 출발선에 데려다주지만 그뿐이다. 결론에 다다르려면 이외에도 단계적인 시험과 반복, 개량을 추가해야 한다. 과학에서 증거는 시험해야 할 대상이지, 전시해야 할 비석이 아니다. 가설을 세우는 이유는 가설에 의문을 제기하고 발전시키기 위해서다. 가설이 얼마나 굳건해 보이든 간에 절대적인 인생 안내서로 취급해서는 안 된다.

삶에서도 같은 태도로 증거를 다루어야 한다. 당연히 가장 좋아 보이는 나뭇가지 하나를 따라가되, 목표를 이루기 전에 다른 가지들을 잘라버려서는 안 된다(한 선택이 '옳고' 다른 것들은 '잘못됐다'고 선언하는 행위의 극단이다). 당신이 원하는 것을 실험하되 그 가설이 기대만큼 훌륭하지 않으면 가설을 철회하거나 조정하기를 주저하지 말아야 한다. 가지들 사이를 쉽게 옮겨 다닐 수 있다는 점에서 아름다운 나무의 구조와 달리, 겉보기에 연관성이 없어 보이는 상자들 사이를 횡단하는 일은 우리를 불안하게 한다. 앞으로 뻗은 길이 명확하게 보이지 않으면 필연적으로 물러서게 된다. 어떤 데이터 집합이든 내재한 패턴과 숨겨진 진실, '훈제 청어'(중요한 사실을 보지 못하도록 사람들의 관심을 딴 데로 돌리는 것을 뜻하는 관용 표현. 사냥개를 훈련시킬 때 훈제 청어 냄새로 교란하던 것에서 유래되었다-옮긴이)가 혼재되어 있듯이, 우리의 삶도 곧은길, 갈림길, 막다른 길의 집합이다. 증거를 분류하면 어느 길로 가야 할지에 대해 좋은 아이디어를 얻을 수 있지만, 되돌아가거나 재시도하지 않는다고 장담할 수는 없다. 삶은 곧은길이 아니라 갈림길이며, 이런 현실에 대응하려면 사고 패턴이 필요하다.

마구잡이처럼 들리겠지만, 증거에 개의치 않고 의사 결정을 내린 뒤 고수하는 것보다는 이쪽이 훨씬 더 과학적이고 지속 가능한 방법이다. 이 방법은 우리가 기계처럼, 즉 더 정확하게, 더 기꺼이 시험하고 배우고 조절하면서 삶의 방향을 설정하게 돕는다. 또한 시간이 흐를수록 더 발전하는 방법이기도 하다. 나이 들수록 우리는 더 많은 데이터를 모으며, 이는 우리 머릿속의 나무를 더 성숙하고 복잡하게 키워서 실제 상황을 더 잘 반영할 수 있다. 이를테면 건축가와 어린이가 그린 집 설계도가 얼마나 다를지 생각해보면 된다.

좋은 소식은 당신이 이미 조금이나마 이 방법을 사용하고 있다는 점이다. 소셜 미디어는 완벽한 사진을 포스팅하는 기술 측면에서 우리 모두를 과학자로 만들었다. 어떤 각도로 사진을 찍고, 사람과 대상을 어떻게 조합하고, 어떤 시각에 올리고, 어떤 해시태그를 달아야 할까? 우리는 관찰하고 시험하고 재시도하면서 오랜 시간에 걸쳐 세상의 눈에 완벽해 보이는 우리의 삶을 기록하는 방법을 완벽하게 다듬는다. 인스타그램에서 할 수 있다면, 삶의 다른 부분에서도 할 수 있다.

오늘 하루를 망쳤다는 착각

의사 결정에서 이 접근법을 받아들이면, 즉 의사결정나무나 비지도 학습 접근법으로 혼돈과 복잡성을 당신의 정신 모델에 구축하면, 유용한 증거를 기반으로 사건을 예측하고 더 현실적으로 의사를 결정하는 능력을 발달시킬 수 있게 된다. 이 방법은 확장할 수 있기 때문에 유용할 뿐만 아니라, 유연하고 더 명확하게 우리 삶의 복잡한 현실을 보여준다. 또 상황이 잘못됐을 때, 혹은 잘못되었을지도 모른다고 생각될 때 더 잘 대응하도록 우리를 대비시킨다.

단도직입적으로 말하자면, 인간이 주로 하는 방식보다 과학적인 방법이 상황에 훨씬 더 잘 대처한다는 것이 요점이다. 당신이 생물화학자나 통계학자라면 오류 때문에 당황하지는 않을 것이다. 그럴 여유가 없기 때문이다. 짜증스럽고 시간을 낭비할 수도 있지만 오류가 발생하는 것 또한 중요하고 매혹적인 면이다. 과학은 오류를 딛고 번성한다. 오류는 기본 가설을 미세하게 조정하고, 진화하고, 실수를 바로잡게 해주기 때문이다. 변칙과 이상치^{outliers}(데이터 분포에서 비정상적으로 평균을 벗어난 값-옮긴이)를 통해서만 우리는 연구하는 세포, 데이터 집합, 혹은 수학 문제를 완벽히 이해할 수 있다.

통계학이 표준오차를 기본 원칙으로 삼는 이유도 예상과 예측에서 벗어나는 것들이 항상 존재한다고 가정하기 때문이다. 머신러닝에서 데이터는 노이즈로 가득하며, 데이터 집합 속에 들어있는 정보는 유용하거나 의미 있는 군집을 만드는 데 실상 도움이 되지 않는다. 시스템 속에 있는 자연스러운 노이즈를 인정해야만 우리는 빅데이터 그룹에서 작업을 쉽게 할 수 있다. 노이즈와 오류, 평균편차를 연구하고 이해하지 않으면 최적화할 수 없다. 결국 누군가의 쓰레기가 다른 사람에게는 보물이 되기도 하듯이, 이 맥락 속의 노이즈는 종종 다른 맥락에서는 신호가 되기도 한다. 신호는 객관적인 것이 아니라 개인이 무엇을 찾고 있는가에 따라 달라지기 때문이다. 과학자들이 오류의 필요성을 수긍하지 않았다면, 자신들의 가설과 모순되며 가설을 좌절시키는 오류에 매혹되지 않았다면, 획기적인 연구는 절대 존재할 수 없었을 것이다.

다른 한편으로 일이 계획에 따라 진행되지 않을 때 당신은 자신감이 떨어질 수 있다. 통근열차 운행이 지연되거나 취소됐을 때, 대부분 출근자는 이 같은 표준오차를 흔쾌하게 받아들이지 못한다. 이는 우리가 실수를 생각할 때, 과학적인 렌즈가 아니라 감정적인 렌즈를 이용하도록 배웠기 때문이다. 우리는 보통 섣부르게 오류를 실패의 조짐으로 여기며 체계가 작동하지 않는다고 결론 내리거나, 이 지점까지 이끌어온 결정이 완전히 잘못됐다고 생각한다. 그러나 진실은 대개 더 평범하다. 기차는 대개 제 시각에 운행하며, 당신의 결정은 예측할 수 있는 시나리오 대부분에서 다르게 작용했을지도 모른다.

약간의 차질을 빚었다고 해서 모든 것이 실패했다고, 혹은 그 체계나 결정을 모두 포기해야 한다고 결론 내리기에는 증거가 충분하지 않다. 역사상 모든 과학자와 기술자가 오류에 이런 식으로 대응했다면 인류는 지금까지 성취한 것의 일부만을 얻었을 것이다. 일상에서도 사람들이 활기를 띠는 순간은 오히려 일이 잘못되었을 때다. 비록 그것이 기차가 지연되거나 낯선 사람이 당신이 좋아하는 대기 지점을 차지해서 짜증이 치솟는 반응일지라도 말이다.

오류에 대한 무조건반사는 상자 속 사고가 몰락하는 주요 원인이다. 지도 학습 알고리즘처럼 반응하면서 우리는 모든 데이터 포인트와 상황을 이진법 수준으로 상정한다. 예, 혹은 아니요. 맞다, 혹은 틀리다. 쥐 아니면 햄스터. 이는 문제를 적절한 맥락에서 보는 능력을 억누르며, 모든 오류가 치명적이라고 생각하게 한다. 기차 운행이 취소됐으니까 오늘 하루는 망쳤다는 식이다. 이는 항상 절대적으로 옳고 그른 결정이 있다는 위험한 환상을 만들며, 그 사이에서 극단적인 결정을 해야 하는 어려운 상황을 만든다(완전한 상자 속 사고다). 나 같은 경우, 기차를 놓치는 것처럼 한 가지가 차질을 빚으면, 하루 전체가 탈선해버리면서 내 계획이 엉망이 되었으므로 연쇄반응을 일으켜 멜트다운에 이르기도 한다.

현실은 항상 그보다는 미묘한 차이가 있으므로 문제를 사고하고 결정에 이르는 우리의 기술도 마땅히 그래야 한다. 상자 속에서는 일이 어딘가 잘못되더라도 갈 데가 없다. 유일한 선택지는 거기에 실패라는 딱지를 붙이고 다시 시작하는 것뿐이다. 그와 달리, 나무에서는 대안이 될 나뭇가지, 즉 우리가 머릿속에서 시뮬레이션을 돌려보았던, 앞으로 나아가는 길들이 사방을 둘러싸고 있다. 기대한 대로 진행한 한 가지 결과에 우리가 가진 모든 칩을 걸지는 않았으므로 경로를 바꾸기가 훨씬 쉽고 더 효율적이다. 이미 만일의 사태에 대비해서 계획을 세웠고, 가치 있는 예비 경로들을 충분히 남겨두었다.

머신러닝은 직관과는 반대로 우리가 앞에 놓인 결정을 평가할 때 기계화되는 대신 더 인간화되도록 도울 수 있다. 머신러닝은 '실수'가 정상이며 실제 데이터에 그것이 내재한다고 가르쳐준다. 실제로 이분법적 선택지는 거의 없으며, 모든 것이 패턴에 들어맞거나 반박할 수 없는 깔끔한 결론으로 수렴하지는 않는다. 예외는 규칙을 만든다. 내가 머신러닝의 관점을 유용하게 사용했던 건, 이관점이 인류의 선천적인 무작위성과 불확실성을 걸러내는 게 아니라 대부분의 사람보다 더 쉽게 수용하기 때문이고, 완벽하게 이해하는 방법을 제공하기 때문이다. 머신러닝의 방식은 내가 무서워할 상황을 대비해 계획을 세우고, 상황이 잘못된 쪽으로 흘러갈 때에 더 잘 대비하도록 돕는다.

나무처럼 생각하기는 우리 주변의 복잡성을 반영하며 동시에 우리가 회복하도록 돕기 때문에 중요하다. 상자가 밟히고 부서져서 영원히 사라진 후에도 의사결정나무는 수백 년을 버틴 굳건한 참나무처럼 그 어떤 날씨에도 맞설 수 있다.

CHAPTER 2

자신의 기묘한 부분을 끌어안는 법

생물화학, 우정, 그리고 다름에서 나오는 힘

나는 유년 시절, 학교에 전혀 적응하지 못했다. 하지만 이것조차 상당히 우아한 표현이다.

수업 때마다 내 옆에 전담 상담 교사가 앉아있었고, 내가 두려워하는 단어가 교사의 입에서 나왔을 때 내가 멜트다운을 일으켰다거나 통제할 수 없는 신경성 틱 행동을 보였다는 얘기는 아마 사실일 것이다. 대용량 튜브에 든 소독용 크림을 좋아한 성향이 내게 도움이 되었는지도 알 수 없다.

수없이 많은 부분에서 나는 친구들과 구별되었다. 입 냄새가 지독하다는 이유로 그렇게 많은 도우미를 해고한 열 살짜리 아이가 나 말고 또 있을까?

아이들은 무리 지어 외톨이를 공격하는 것을 가장 좋아하므로, 종종 나를 집단적으로 공격하곤 했다. "넌 미쳤어", "쟤는 외계인이야", "동물원에나 가지 그러냐." (마지막 말은 개인적으로 마음에 들었다.)

끔찍하다고 생각할지도 모른다. 어떤 면에서는 나도 그렇게 생각한다. 내가 들었던 경멸의 말과 은어를 이해하고 나면(그 말이 왜 적대적인 말인지 제대로 이해하려면 보통 몇 시간이 걸렸기 때문에), 나는 이불을 뒤집어쓰고 울부짖었다. 눈물로 얼굴이 얼룩지고 머리카락이 달라붙을 때까지, 이불 속 부드러운 침묵 안에서 이명이 울리고 뜨거운 피가 얼굴로 쏠릴 때까지 울었다.

그러나 나의 다름은 한 가지, 결정적이고 멋진 방식이라는 점에서는 경탄할 만한 특성이기도 했다. 운동장의 또래 집단에서 나를 추방했던 그 모든 것은 주변 누구도 갖지 못한 갑옷도 내게 주었다. 이 사실을 깨닫기까지는 오랜 시간이 걸렸지만, 지구 행성의 신경전형적인 십 대 대부분과 달리 나는 또래 압력에 면역력이 있었다. (내가 원한 게 아니라는 걸 믿어주길 바란다.)

이 면역력은 고결한 원칙이나 훌륭한 판단에서 나온 것이 아니다. 나는 나 자신을 사회현상에 도전하는 존재로 정의하지 않았다. 그저 사회를 이해하는 데 실패했을 뿐이다. 하지만 군중의 일부가 되는 데 관심 없었던 나는 오히려 군중의 리듬을 자유롭게 관찰할 수 있었고, 세심한 주의를 기울여 그것을 살펴보았다. 나는 점심시간에 운동장 위쪽 벤치에 앉아서 다양한 무리와 그들의 하위문화를 관찰했다. 축구를 하다가 싸우는 애들부터 소리 지르고 웃어대느라 바쁜 떠들썩한 무리, 가장자리에서 얼쩡거리는 두세 명의 작은 무리까지, 내 자리에서는 운동장의 종種들이 어우러지는 생태계를 한눈에 볼 수 있었다.

관찰 결과는 나를 혼란스럽게 했다. 모순이 너무나 많았는데, 특히 개인의 성격과 집단 역학의 관계가 그랬다. 누구랑 함께 있느냐, 어떤 상황이냐에 따라 사람들이 전혀 다르게 행동하는 이유는 무엇일까? 한 소년이 목소리 톤이나 머리에 바르는 젤의 양 같은 특정 행동을 따라 하면서 소년 집단의 평균에 자연스럽게 가까워지는 이유는 무엇일까? 당신의 친구가 모르는 사람들 앞에서 갑자기 평소와 다른 행동을 하는 이유가 궁금했던 적이 있다면, 내 기분이 어떤지 알 것이다. 내가 잘 안다고 생각했던 사람이 갑자기 다른 사람처럼 행동할 때의 혼란스러움을 말이다.

나는 이런 식으로 숨겨져 있고 반직관적인 사회관계에는 친화력(물리화학에서 원자들 간에 서로 결합하여 어떤 화합물로 되려는 경향을 뜻한다-옮긴이)이 없다. 나는 거의 보이지 않는 '우정 화폐'가 교환되는 모습을 보곤 하는데, 이 우정 화폐는 사람들의 성격 유형과 대칭을 이루지 않는다. 사람들은 친구가 되고 싶은 사람들을 그저 흉내 내며 자신의 겉모습과 행동을 바꾼다. 하지만 나는 사람들이 왜 그렇게 하는지, 혹은 사람들이 집단의 일부가 되기 위해 자신을 포기하게 만드는 게 대체 무엇인지 이해할 수 없었다. 내가 관찰한 바 사회적 동물이 된다는 것은 사람들이 자기 자신이기를 포기하는 것이었으며, 실제로 각자의 독특한 개성과 선호도를 희석했다.

나는 사람들을 관찰하는 것만으로 인간 행동 모델을 만들려고 하지는 않았다. 데이터가 너무 많아서 적절하게 다룰 수 없었다. 그러나 곧 돌파구를 발견했다. 운동장이나 화학 실험실이 아니라 어느 주말 휴게실에서 본 축구 경기를 통해서였다.

나는 선수들만큼 경기를 제대로 이해하지는 못했다. 몇몇 선수는 계속 크게 소리치면서 다른 선수와 의사소통하고 있었다. 그 외다른 선수들은 자기만의 껍질 속에 앉아서 해야 할 일에만 집중할 뿐이었다. 경기장을 누비며 계속 뛰는 선수도 있었지만, 자기 자리만 지키는 선수들도 있었다. 하나의 축구팀이었지만 개인의 집합이기도 했고, 변동하는 상황에 역동적으로 반응하며 각자 자신만의 다양한 기술과 개성, 관점으로 팀에 이바지했다. 그것은 22명의 남성이 경기장에서 공을 차는 것 이상의 일이었다. 인간 행동 실험이었고, 충분한 제약이 있는 상황에서 유용한 결론을 끌어낼 수 있었다. 시험관 속에서 조작하는 것보다 훨씬 나았다.

이런 역동적인 행동을 사실상 모델화할 수 있다는 통찰을 얻었을 때 내 눈은 기쁨으로 커졌다. 실제로 나는 벌떡 일어서서 "단백질과 똑같아!"라고 소리쳤다. 바로 이거였다! 나는 방금 결승 골을 넣은 기분이었지만, 다른 사람들이 함께 기쁨을 나누며 내 주위로 몰려들지는 않았다. 대신 무표정이나 거북한 표정의 얼굴들이 나를 쳐다보았다. "조용히 경기 좀 보자, 밀리."

어쩌면 나는 그때 처음으로 내가 이해할 수 있는 렌즈를 통해 인간 행동을 보았다. 특이하게 훈련된 모델인 축구팀을 보고, 단백질 분자가 우리 몸을 움직이기 위해 효율적으로 함께 일하는 방법을 떠올렸던 것이다.

단백질은 인간이 가진 것 중 가장 중요한 분자인데, 종류가 가장 다양하기 때문이다. 단백질은 우리 몸이 변화를 해석하고 의사소통을 통해 그 결과로서 행동을 결정하도록 돕는 독특한 역할을 한다. 우리 몸의 상당 부분은 단백질이 자신만의 역할을 알고 동료들의 역할을 인식하며 그에 따라 행동하기 때문에 움직인다. 단백질은 팀의 일부로서 움직이는 동시에 전적으로 각자의 개성과 역량을 펼친다. 역동적이지만 한정된, 팀이라는 맥락 속의 개인처럼, 단백질은 우리가 인간으로서 조직화하고 상호작용하는 방법에 관한 새 모델을 제공할 수 있다. 인간처럼 단백질도 환경에 반응하고, 정보를 교환하며, 의사 결정을 하고, 행동으로 옮긴다. 하지만 인간과 다르게 단백질은 실제로 이를 행하는 데 능숙하다. 개성이 충돌하거나 개인적인 문제 또는 사내 정치가 걸림돌이 되는 일 없이 본능적으로 협력하며 일한다. 또한 자신을 환경에 '끼워 맞추는' 방식이 아니라 대조되는 '유형'의 상보성을 수용해 다양한 화학반응을 활용하고 서로 조정하는 방식으로 임무를 달성한다.

차이를 억누르기보다는 최대한으로 활용하는 단백질 팀워크 모델은 사회 상황에서 동질성을 지향하는 인간의 충동, 즉 사회에 편입되고자 하는 욕망보다 더 강력하다. 독특한 기술과 개성을 자랑스럽게 여겨 차별점으로 만드는 단백질과 달리 그것을 숨기려 노력하느라 인간은 얼마나 손해를 보고 있을까?

각 개인의 별난 점과 차이점은 나를 그저 나라는 존재로 만드는 데 그치지 않으며, 우리의 우정과 사회집단, 업무 관계도 더 효율적으로 움직이게 한다. 우리는 각자 자신의 기이한 면을 자랑스럽게 여겨야 한다. 단순히 기분 좋아지기 위해서가 아니라 일이 더 잘 굴러가도록 하기 위해서. 내가 장담할 수 있다. 나는 자폐스펙트럼장애와 ADHD, 불안장애가 대다수의 생각처럼 장애물이 아니라, 내게 귀중하고 독특한 관점을 부여하는 초인적인 힘이라는 것을 깨달았다. 그러나 그보다 더 좋은 것은, 이 장에서 설명하겠지만 단백질이 우리를 움직이는 방법을 이해함으로써 당신도 배울 수 있다는 점이다.

내겐 너무 사랑스러운 단백질

내가 단백질을 얼마나 사랑하는지는 말로 다 표현할 수 없다. 단백질은 진화에서 나타난 아름다운 혼돈의 기본 단위로, 복잡하게 얽힌 단백질의 기능 네트워크는 생물에 생명을 가져다준다. 일부 어린이들이 반려동물이나 상상 속의 친구에게 인격을 부여하고 이들을 통해 인간 행동을 익히는 것처럼, 나는 단백질에서 인격을 찾아냈다. 인간처럼 단백질도 예측할 수 없는 비선형적인 방식으로 행동한다. 단백질은 역동적이며 다재다능하고 변화하는 상황에 민감하며, 다른 유사한 분자와 상호작용한다. 단백질은 말 그대로 내게 사랑스러운 존재다.

인간과 마찬가지로 단백질도 한 가지 유형만 있지는 않다. 수없이 다양한 종류가 있고, 우리 몸을 계속 움직이고 위험에서 보호하기 위해 어지러울 정도로 많은 기능을 수행한다. 단백질의 기능이 형태와 구조에 좌우되듯이, 같은 방식으로 인간도 각자의 성격 유형과 삶의 경험에 따라 다르게 행동하고, 다양한 일을 하며, 집단 내에서 현저하게 다른 사회 기능을 수행한다. 단백질에도 내향적인 사람과 외향적인 사람, 지도자와 지지자, 골키퍼와 박스투박스 미드필더(양 팀의 페널티박스 사이를 오가며 공격과 수비에 모두 관여하는 축구 포지션 – 옮긴이)에 대응하는 역할이 있다.

무엇보다 단백질은 또래 압력이나 감정 기복을 겪지 않으므로, 인간 행동의 이상적 모델로 볼 수 있다. 단백질은 에너지 측면에서 가장 유리한 방식으로 행동하므로 당면한 과제에 초점을 맞추며 감정이나 자의식 때문에 산만해지지 않는다. 미세분자의 판단에 무관심하기에, 동료에게 맞추거나 균일성을 추구해야 한다는 걱정을 할 필요가 없다. 그 대신 다양한 기술을 이용하고 개발할 수 있으며, 차이의 힘을 바탕으로 성공적인 팀을 이룬다.

이처럼 단백질이 인간 행동에 대한 내 지식의 바탕을 형성한 것은 우연이 아니다. 단백질은 모든 생물화학의 기본 요소다. 단백질의 본질과 행동을 이해하지 못하면 세포가 형성되고 돌연변이를 일으키고 상호작용하는 과정을 이해할 수 없다. 인간이라는 체계에서 물 다음으로 많은 물질인 단백질에 관한 지식 없이는 몸이 움직이는 과정도 이해할 수 없다는 뜻이다. 단백질에는 수많은 기능이 있지만 그중에서도 특히 소화를 돕는 효소, 질병과 싸우는 항체, 몸속에 산소를 운반하는 헤모글로빈 같은 분자를 만드는 기능이 매우 중요하다. 단백질은 피부, 머리카락, 근육, 그 외 주요 기관에서도 필수 요소다.

당신도 알다시피, 기본 요소를 제공하는 단백질 없이 인류는 존재하지 않는다. 그리고 몇 년 전의 나는 내가 알던 단백질에 대한 지식에서 시작하지 않고서는 인간을 이해할 수 없었다.

당시 축구에 대한 나의 예감이 모두 맞기만 했던 것은 아니다. 2013년에 알렉스 퍼거슨 경(1986년부터 2013년까지 영국 축구팀 맨체스터 유나이티드의 감독을 맡았다-옮긴이)이 은퇴한 후로 맨유를 응원하는 것은 좋은 선택으로 보이지 않았다. 하지만 인간과 단백질 사이의 유사성에 관한 내 생각은 틀리지 않았다. 맨유의 성공(슬프게도 지금은 줄어든)에 퍼거슨 경의 역할이 중요했던 것처럼, 이 깨달음은 내 삶에서 중요한 요인이라는 점이 증명되었다.

자유롭게 형태와 기능을 바꾸는 단백질처럼

단백질은 사람 몸의 기능에서 본질적인 요인일 뿐 아니라 행동과 발달 과정 역시 놀라울 정도로 인간과 비슷하다. 단백질 분자의 다양한 발달 단계와 인간으로서 우리의 발달 과정의 유사점에 관해 살펴보자.

단백질은 1차 구조에서 생을 시작한다. 1차 구조는 현미경으로 보면 익힌 스파게티 면이 이리저리 뒤엉킨 것처럼 보인다. 유연한 디자인으로 특별한 구조에 얽매이지 않으며, 선택할 수 있는 다양한 기능이 많다. 우리가 먹는 모든 것을 소화기관에서 단 하나의 단백질로 소화할 수는 없다. 각각의 주요 식품군에 따라 다른 단백질이 필요한데, 예를 들어 탄수화물에는 아밀라아제가, 지방에는 리파아제가, 단백질에는 프로테아제가 필요하다(그렇다, 단백질을 분해하는 단백질이 존재한다).

물론 단백질은 그 자체가 구성 부품일 뿐만 아니라 자신만의 구성 요소인 아미노산도 갖고 있다. 아미노산 암호의 독특한 순서가 1차 구조를 결정하는데, 그 순서는 인간 생리의 필수 암호인 DNA 유전자 순서에 따라 미리 결정된다. 단백질 분자 하나를 만드는 수백 개의 아미노산 중 몇 개만 바뀌어도 그 단백질이 세포 안에서 무엇이 될지가 바뀔 수 있고, 눈동자 색깔처럼 외부로 드러나는 여러 특성인 표현형phenotype에서 현격한 차이가 나타날 수 있다.

우리 인간처럼, 단백질의 운명 역시 창조의 순간 이미 어느 정도 암호화되어 있다. 우리가 유전자와 양육의 결과로 자라면서 적응하고 바뀌는 것처럼, 단백질도 적응하고 바뀐다. 단백질 접힘(개개의 단백질에 맞게 접힌 고유한 구조나 안정화된 구조를 형성하는 과정-옮긴이)과 인간의 마음 모두, 내재한 아미노산 서열과 주변 환경의 조화로 결정되는 생화학적 상호작용이 이루는 섬세한 균형, 즉 본질과 양육의 교차점에서 출현한다. 단백질의 목적은 최초 서열이 결정하지만, 실제 형태와 기능은 이 두 번째 단계에서야 명확해진다. 대부분 단백질이 최초로 갖는 '스파게티' 구조는 적절하게 기능을 수행하기에는 너무 불안정하다. 이때 단백질은 두 번째 단계로 발전하는데, 더 안정되고 다양하게 쓰이기 위해 스스로 3차원 구조로 접힌다. 사람이 기어 다니면서 스스로 움직이는 법을 배우는 것과 비슷하다.

단백질의 용도를 결정하는 다음 단계는 2차 구조의 발달이다. 케라틴 단백질을 예로 들면, 이 섬유 단백질은 모직부터 머리카락까지(샴푸와 린스의 주요 성분에 알파 케라틴이 들어있는 이유다), 손톱부터 새의 발톱까지 온갖 것의 주요 구성 성분이다. 두 번째 단계에서 케라틴은 알파 나선$^{α\text{-helix}}$ 구조나 베타 병풍$^{β\text{-sheet}}$ 구조를 형성한다. 알파 나선 구조는 치밀하고 견고한, 생물체의 강한 창조물의 하나이며, 베타 병풍은 그에 비해 조금 느슨하고 평평하며 부드럽다. 거미줄, 새의 깃털, 방수 기능이 있는 많은 파충류의 피부에서 찾을 수 있다.

2차 구조는 시간이 흐를수록 내부 상호작용이 더 진행되면서 자신의 아미노산 서열과 환경에 더 특화한 고차원 구조를 형성한다. 이를테면 근육에는 두 종류의 단백질, 미오신(두꺼운 것)과 액틴(가느다란 것)이 있다. 이두근이 수축하려면 미오신과 액틴이 상호작용해야 한다. 즉, 미오신이 화학에너지를 사용해 액틴을 당기면 서로 미끄러지면서 근육 수축이 일어난다. 당신이 지금 손으로 이 책을 잡고 읽을 수 있는 이유다.

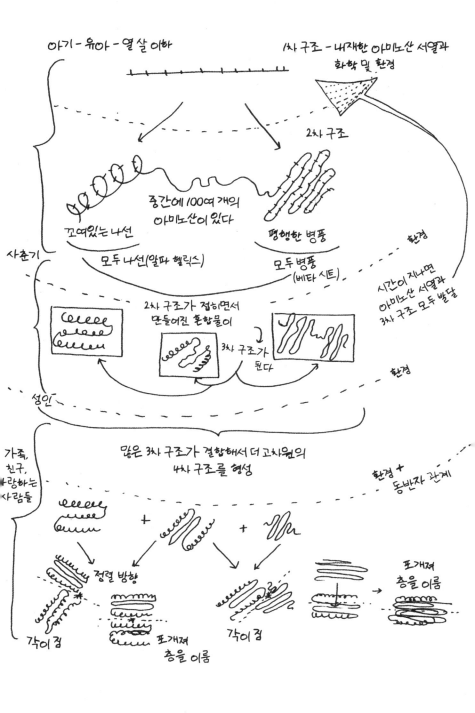

아기 - 유아 - 열 살 이하

1차 구조 - 내재한 아미노산 서열과
화학 및 환경

2차 구조

중간에 100여 개의
아미노산이 있다

꼬여있는 나선

평행한 병풍

모두 나선(알파 헬릭스)

모두 병풍
(베타 시트)

환경

사춘기

2차 구조가 접히면서
만들어진 혼합물이

3차 구조가
된다

시간이 지나면
아미노산 서열과
3차 구조 모두 발달

환경

성인

많은 3차 구조가 결합해서 더 고차원의
4차 구조를 형성

가족,
친구,
사랑하는
사람들

환경 +
동반자 관계

정렬 방향

깍이 점

포개져
층을 이룸

깍이 점

포개져
층을 이룸

포개져
층을 이룸

이런 움직임에는 더 고차원적이며 특별한 3차 구조를 만드는 단백질 접힘이 필요하며, 3차 구조가 형성되면 단백질은 특화되면서 특정 기능에 선택적으로 적응한다. 마치 인간이 전문적인 훈련을 받고 과학자, 의사, 법률가가 되는 것과 비슷하다.

3차 구조는 단백질 발달의 최종 단계를 보여준다. 이 시점에 이르면 단백질은 더 이상 복잡한 구조로 접히지 않는다. 대신 다양한 협력 단백질과 결합해서 기능을 다양화하며 적응한다. 예전에 우리 엄마는 이 과정을 사람들이 '조리된다'고 표현했는데, 개인적이며 전문적인 발달이라는 오븐에서 꺼내어져 제 역할을 하는 완전한 성인이 되는 것, 혼자 날아올라 삶을 살아갈 준비를 마치는 과정이라는 뜻이었다. 이 순간은 단백질과 인간 모두에게, 자립하여 독립적으로 행동하고 타인과 협력해서 효율적으로 일할 준비를 마치는 시기다.

마지막 4차 구조는 부가적인 발달 단계라기보다는 단백질이 형성할 수 있는 모든 대안적인 형태와 결합을 가리킨다. 예를 들어 액틴은 근육을 움직일 뿐 아니라 세포가 서로 뭉쳐서 몸속을 돌아다니도록 도우며, 이는 면역 체계가 일할 때나 세포 조직이 상처를 치유할 때 중요한 역할을 한다. 작지만 다재다능한 단백질로, 명백히 사람-몸 팀에서 열심히 일하는 미드필더 중 하나다.

직장에서의 자신과 집에서의 자신이 다른 사람인 것 같다고 생각한 적이 있는가? 이는 4차 구조를 형성한 단백질이 환경과 상황에 적응하고, 몸의 엔진이 매끄럽게 움직이는 데 필요한 것을 파악해 각기 다른 역할을 하는 것과 같다. 4차 구조 단백질은 다재다능함의 모델이며, 필요에 따라 한 임무에서 다음 임무로 옮겨 간다. 우리 모두에게 좋은 사례이자 내게는 혼란스러웠던 인간 행동의 또 다른 측면, 즉 한 상황에서 다른 상황으로 넘어갈 때 왜 일관되지 않는지를 이해할 수 있는 편리한 방법이다. 나는 단백질이 이런 면에서는 인간보다 훨씬 훌륭히 진화했다고 믿는다. 단백질은 형태와 기능을 조건 없이 바꾸지만, 인간은 종종 타성에 젖어 개인적인 성장에 대한 요구를 잘 수용하지 못하며, 단백질처럼 환경의 변화에 적응하기보다는 저항한다.

세포 속에 든 단백질이 발달하고 성장하는 과정을 현미경으로 관찰하면서, 그리고 단백질 사이의 상호작용이 역동적이며 맥락을 따른다는 점을 인식하면서, 내가 열다섯 살 때 사람들을 관찰하는 것만으로는 이해하기 힘들었던 것들이 명확해졌다. 우리 과학자들은 단백질에 관한 모든 지식과 작용 기전을 정의하고 분류하기를 좋아하지만, 사실 단백질은 어느 모로 보나 변덕스럽고, 쉽게 변하며, 기반을 제공하는 요소로 단정 짓기 어렵다. 그렇긴 해도 개인이 아닌 집단의 행동이라는 측면에서는 단백질이 강점을 갖는다. 감정적인 충동이 일으키는 혼란 없이, 혹은 타인의 시선에 대한 걱정 없이, 단백질은 객관적으로 가장 효율적인 방식에 따라 자신을 자유롭게 조직한다. 단백질 팀은 모두 행동할 뿐, 거기에 정치는 없다. 그들은 그저 주어진 임무를 끝마친다. 이제 어떻게 이를 성취하는지 살펴보자.

단백질계의 MBTI

우리는 대부분 친구들의 성격이 일정한 유형에 속한다는 사실을 깨닫는다. 더 외향적인 사람, 더 내향적인 사람, 의사소통이나 행동, 공감에 능숙한 사람이 있다. 그리고 타인을 위로하려면 얼마 동안 안아주어야 하냐고 묻는 나 같은 사람도 있다(궁금할까 봐 말해두자면, 2~3초가 적당하고 정말 나쁜 일이라면 4초도 괜찮다).

우리는 종종 의식하지 못한 채로 각자의 성격을 반영하는 여러 역할을 맡는다. 어떤 집단에서든 집단을 이끄는 일이 편한 사람도 있고, 다른 사람에게 결정을 미루려는 사람도 있다. 자기 생각을 직접 말하는 것을 선호하는 사람도 있고, 그저 암시만 하는 사람도 있다(어휴).

이는 절대 우연이 아니다. 세포 생명체부터 기업까지, 모든 사람과 동물 및 분자 집단의 행동은 성격과 생리로 결정되는 계층구조 유형과 관계의 집합으로 설명될 수 있다. 이를테면 벌집에서는 다양한 종류의 벌을 관찰할 수 있다. 벌집을 짓고 방어하며 먹이를 모으는 일벌, 벌집을 하나로 연결하는 매개체이자 '대장'인 여왕벌, 짝짓기만이 의무이며 짝짓기 철이 지나면 벌집에서 추방되는 수벌이 있다. 따라서 벌집은 여러 유형의 벌의 다양성, 역할의 범위, 각자의 신호를 포착하는 능력에 의존한다.

마찬가지로 세포 생물체와 사회집단도 단백질이나 사람 같은 다양한 구성 요소가 어떻게 서로 의사소통하는지를 관찰해보면 이해할 수 있다. 친목 단체가 어디서 외식할지, 어떤 영화를 볼지를 결정하는 것과 같은 방식으로, 세포는 여러 유형의 단백질에서 받는 다양한 정보와 행동에 의존해 필수 기능을 수행한다. 최소한 이것이 효율적인 조직 이면에 자리한 이론이며, 세포 구조와 동물계에서 나타나는 현상이다.

그러나 실제로 인간 행동은 훨씬 더 엉망일 때가 많다. 당신과 친구들이 서로 어울리는 방법을 얼마나 잘 결정하는지 생각해보자. 날짜를 정하고, 장소를 정하고, 모두 동의하는 데 얼마나 걸리는가? 그리고 그 과정에서 하기 싫은 일이나 때로는 정말 잘 맞지 않는 일에 얼마나 참여하는가? 다시 강조하건대, 인간은 효율적으로 의사소통하고 협력할 필요성보다 순응하고 타인에게 긍정적으로 평가받고 싶은 욕망이 더 큰 경향이 있다.

반대로 단백질은 감정적 타협과 사회 정치를 넘어 놀라울 만큼 효율적인 조직을 이룬다. '세포 신호전달cell signalling' 과정에서 이를 확인할 수 있다. 세포 신호전달은 기본적으로 다양한 단백질이 결합해서 몸속의 변화를 감지하고, 서로 의사소통하며, 그 결과로 의사 결정을 내리는 과정이다.

나는 단백질의 세포 신호전달을 모델로 삼아 내가 관찰한 인간 행동과 더 나은 인간 행동 모델은 어떤 형태일지 이해하려 시도했다. 사람들의 성격을 외향, 내향, 감각, 직관, 사고, 감정, 판단, 인식의 여덟 개 특성으로 분류하는 마이어스-브릭스 유형 지표(MBTI)를 이용해서 단백질의 행동을 분석하고, 우리가 누구인지, 그리고 어떻게 행동하는지를 가장 잘 반영하는 네 가지 특성을 결정했다.

이를 통해 나는 단백질이 생각보다 사람들에게 더 나은 길잡이라는 사실을 깨달았다. 어떤 면에서 단백질은 인간 성격 유형을 효율적으로 보여주는 대체물이었으며, 이는 다음의 예시들이 설명해줄 것이다. 그러나 단백질은 다른 '유형'과 함께 존재하는 현실을 보여주는 데서 그치지 않는다. 공존과 협력이 실제로 어떻게 이루어져야 하는지에 관한 모델을 제공하며, 당신의 성격을 숨기기보다는 표현하는 일이 얼마나 중요한지도 알려준다.

가장 일반적인 단백질의 성격은 다음과 같다.

수용체 단백질

몸속 어떤 세포든 최초로 접촉하는 부분은 수용체 단백질receptor proteins이다. 수용체 단백질은 외부 환경의 변화, 예를 들어 혈당의 갑작스러운 증가 같은 현상을 감지한 뒤, 세포 속 다른 단백질들에 신호를 내려보내서 더 많은 과정이 일어나도록 유도한다. 마치 집단에서 공감 능력이 뛰어난 사람, 즉 누군가가 불쾌함을 느끼거나 논쟁이 걷잡을 수 없이 격렬해질 때를 본능적으로 알아차리는 사람과 같다. 이들은 의사 결정자는 아니지만 매개자이며, 자신과 비슷한 다른 사람과 함께 일한다.

수용체는 다양한 사회 집단을 쉽게 오가는 낙천적인 사람이다. 다양한 무리의 일원이며 여러 집단을 오가며 의사소통한다. MBTI 유형으로는 '열정적이며 상상력이 풍부한, 삶은 기회로 가득하다고 생각하는, 사건과 정보의 연결점을 매우 빠르게 찾는' ENFP 유형이다. 또는 '따뜻한, 공감 능력이 있는, 민감한, 책임감 있는, 타인의 감정, 요구, 동기에 적절하게 대응하는' ENFJ 유형으로도 볼 수 있다. 눈치가 빠르고, 사교적 수완이 있는 붙임성 좋은 사람이며, 사회적으로 사람들과 친하고, 서먹서먹한 분위기를 깨는 데 능숙하다.

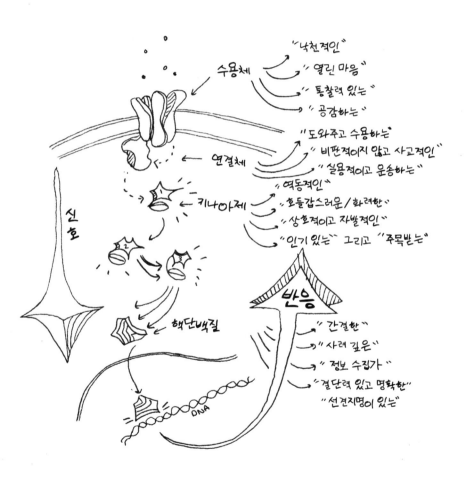

연결체 단백질

연결체 단백질adaptor proteins은 세포 신호전달에서 수용체 단백질의 다음 단계를 촉진한다. 또한 수용체 단백질에 붙어있으며 세포 전체에 메시지를 퍼뜨릴 가장 좋은 방법을 결정한다. 연결체 단백질은 세포의 첫 번째 '의사결정체'이며 신호 전달 경로의 단백질, 혹은 '키나아제'를 활성화해서 어떤 메시지를 세포 전체에 전달할지 결정한다. 최초의 신호를 메시지로 바꾸는 것이 바로 연결체 단백질이며, 이후에야 비로소 의사소통이 이루어지고 행동이 뒤따른다.

내가 볼 때 이들은 침착하고 차분한 유형으로, 타인을 지지하는 데 능숙하고 주목받으려 애쓰지 않는 유형이다. 나는 '연결체' 유형의 사람들과 잘 지내곤 하는데, 이들은 비판적이지 않고 다양한 사람과 성격 유형 사이를 사교적인 방법으로 누비고 다닌다. 수용체처럼 연결체도 의사 전달자이지만, 나서서 상황을 주도하거나 무리 짓는 방식은 사용하지 않는다. 연결체 단백질은 가장 바람직한 결과로 나아가는 길을 반듯하게 닦는 조력자에 더 가깝다.

이들은 '실용적인, 현실적인, 사무적인, 결단력 있는, 의사 결정을 신속하게 수행하는' ESTJ 유형에 해당한다. 혹은 '참을성 많고 유연한, 문제가 생기기 전까지는 조용한 관찰자이지만 문제가 생기면 실행할 수 있는 해결책을 빠르게 찾는' ISTP 유형으로도 볼 수 있다. 목소리를 크게 내지 않는 사람, 혹은 맨 앞에 줄을 서려고 무리하지 않는 사람이지만 이들이 없으면 집단은 균형을 잃고 분열될 수 있다.

키나아제 단백질

일단 신호가 키나아제 단백질^{kinase protein}(효소)을 활성화하면, 실제로 일이 일어나기 시작한다. 키나아제는 생물화학계의 동기부여자다. 간단하게 설명하자면, 화학에너지 그룹을 신호 체계 아래쪽의 효과기^{effectors}와 상호작용기^{interactors}로 옮기는 촉매 작용을 하며, 이는 세포가 변화에 반응하는 데 필요한 모든 필수 기능을 시작하게 한다.

"넌 약간 키나아제 같아, 안 그래?"라고 친구에게 말한 적이 있었다. 칭찬으로 기운을 북돋우려 한 내 말에 친구는 기대와 다르게 반응했다. 곧바로 "키나아제는 세포에서 가장 다재다능하고(promiscuous, 문란하다는 뜻도 있다-옮긴이) 인기 있는 단백질이야"라는 설명을 덧붙였는데도 친구의 반응은 좋지 않았다. (전문용어로서 이 단어는 단백질이 촉매하는 주요 반응과 함께 유익한 부반응을 일으킬 수 있다는 뜻이다. 물론, 이 단어에는 일반용어로서의 뜻도 있으며, 이 정의가 키나아제 유형의 사람에게 어떤 식으로 적용될지는 당신의 상상에 맡기겠다….)

키나아제 유형은 더할 나위 없이 외향적이다. 파티의 생명이자 영혼이며, 타인과 접촉하는 강도와 빈도를 즐긴다. 악수하고, 포옹하고, 어깨를 두드리며 뺨에 키스하는 사람들이다(생각만 해도 오싹하다).

이들은 소셜 허브이자 에너지 전달자로 주목받는 것을 좋아한다. MBTI 분류로는 '재빠른, 독창적인, 활기찬, 기민한, 거침없이 말하는, 틀에 박힌 일상을 지루해하는' ENTP 유형에 속한다. 혹은 '지금, 여기에 집중하는, 즉흥적인, 타인과 어울리는 매 순간을 즐기는' ESTP 유형이나 '솔직한, 결단력 있는, 기꺼이 지도자로 나서는' ENTJ 유형으로 볼 수도 있다.

사회 집단의 지배 계층인 키나아제는 늘 나와 잘 맞지 않는다. 내 감각 처리 과정은 그들의 모든 감정 표현과 에너지를 버틸 수 없고, 나는 대개 이들을 피하려고 한다. 당신이 파티에 참석했는데 아직 떠들썩하지 않다면, 아마 키나아제들이 아직 도착하지 않아서일 것이다.

핵단백질

다른 단백질은 의사소통을 하고 촉매 반응을 일으키지만, 오직 핵단백질nuclear proteins만이 전달받은 신호를 세포 반응으로 바꿀 수 있다. 앞서 내가 설명한 모든 활성화 반응은 세포의 '뇌'로서 활동을 조정하는 핵 속 단백질로 전달된다. 세포가 어떻게 반응할지, 실제로 어떤 일이 일어날지를 결정하는 것은 핵이다.

예를 들어 손을 베여 피가 흐르기 시작하면, 몸은 손상된 혈관을 치료해야 한다는 사실을 알게 된다. 이 문제는 수용체를 통해 감지되고 여러 키나아제를 통해 핵단백질로 전달된다(이 사례에서는 HIF 단백질에 전달된다). 그러면 핵단백질은 혈관 생성을 늘리기 위해 단백질을 더 많이 생산하고, 이 단백질이 손상된 세포에 더 많이 전달되도록 반응할 것이다. 이 과정은 유혈이 낭자하지만 경탄할 만하다(내 거친 표현을 용서하길). 핵단백질은 배의 선장이며, 저 위에서 일하고 있는 빙산 감시자들 덕분에 특정 상황에서 어떤 버튼을 눌러야 할지 알고 있다. 이들은 수용체 단백질들이 수집하고 키나아제가 전달하는 정보에 확실하게 반응한다.

모든 세포에 핵이 있고 모든 축구팀에 주장이 있듯이, 모든 사회 집단에는 중요한 결정을 떠맡는 사람이 있다. 이런 사람들은 종종 키나아제 유형의 사람보다 활기가 적고 참여도도 낮지만, 사건을 더 잘 관망할 수 있는 곳에 앉아있다.

핵단백질은 최고의 집중력을 갖춘 전문가이며 종종 당신의 예상보다 내향적이다. MBTI 유형으로는 아마 '공익에 이바지하는 최고의 방법에 관해 명확한 비전을 발전시키는, 비전을 수행하는 데 체계적이며 결단력 있는' INFJ 유형으로 분류될 것이다. 혹은 '자기 생각을 실행할 때 독창적인 마음과 위대한 동기로 목표를 성취하는, 외부 사건에서 재빠르게 패턴을 파악해서 장기간의 탐색적인 관점을 개발하는' INTJ 유형일 수도 있다.

'핵' 유형의 사람은 항상, 혹은 자주 주목받는 중심인물은 아니다. 그러나 모두가 그 사람이 대장이라는 사실을 인정한다. 그리고 이들의 말은 대개 최종 결정이 된다.

보다시피 단백질은 팀워크와 효율적인 조직의 모범 사례다. 다양한 유형이 자신의 성격에 따라 독특한 역할을 하며, 몸이 효율적으로 움직이기 위해 이들 모두 필요하다. 단백질은 서로 질투하지 않으며, 다른 역할을 탐내지도 않는다. 자존심은 낮고 생산성은 높은 환경이다. 모든 직장이나 친목 단체가 이와 같다면 좋을 것이다.

생산성 높은 단백질의 사례는 우리에게 두루두루 도움이 될 수 있다. 나는 단백질을 연구하면서, 관계를 형성하고 사회적 상황에 대처하는 나만의 방식을 확립할 수 있었다. 단백질과 성격 유형에 관한 지식은 사람들을 탐색하는 데 도움이 되었고, 의사소통할 때 개입해서 원하는 결과를 얻는 최고의 방법을 알아내게 해주었다. 즉 내게 말을 건넬 확률이 가장 높고 메시지를 전달할 최적의 위치에 있는 '수용체' 유형의 사람과 대화를 시작하는 것이 가장 쉽다는 사실을 안다는 뜻이다. 혹은 최종 결정은 대개 가장 큰 목소리를 내는 키나아제 유형이 아니라 자기만의 생각에 잠긴 듯 보이는 핵 단백질 유형이 내린다는 사실을 인정한다는 뜻이다.

인간과 사회적 행동은 이를 본능적으로 감지하지 못하는 나 같은 사람에게는, 아니, 감지할 수 있다고 생각하는 사람에게조차 불가해한 것처럼 보인다. 그러나 시간이 흐르면서 해독하고 이해할 수 있는 패턴이 그 속에 있다는 사실을 발견하고서 나는 안도했다. 때로 무작위처럼 보이거나 느껴지는 것도 대개 집단 속 다양한 개인, 개인 간 상호작용의 본질, 그들이 반응하는 외부 요인으로 귀결된다. 단백질을 이해하면 당신 주변 사람들이 어떻게 생각하고 행동하고 결정하는지도 더 깊이 이해할 수 있다.

나로 말할 것 같으면, 나와 가장 비슷한 단백질은 환경에 따라 달라질 것이다. 본래 나는 연결체 단백질이나 핵단백질과 더 비슷해서, 내 주변에서 일어나는 일에 적극적으로 뛰어들기보다는 무슨 일이 일어나는지 관찰한다. 하지만 적절한 환경에서는, 즉 내가 편안하게 느끼는 사람들과 함께 있다든지, 직업상 내가 전문 지식을 가진 주제로 토론할 때면 나는 여느 외향적인 사람 못지않게 아주 훌륭한 키나아제가 될 수 있다. 한 가지 유형만 선택해서 그것만 고수할 필요는 없다. 상황에 따라 적응 능력을 발휘하는 것은 정상이며, 단백질의 행동을 훌륭하게 반영하는 것이다.

단백질을 이해하고 난 뒤, 나는 학교의 다른 소녀들이 나와 완전히 다른 문제로 분노하는 이유를 알 수 있었다. 다른 소녀들은 머리가 비에 젖었을 때, 선생님이 제일 윗단추를 채우라고 했을 때 화를 냈다(외부 세계와 인식에 극도로 민감한 수용체 같은 행동, 혹은 주목받기 좋아하는 키나아제 같은 행동). 나는 사실 그게 왜 그토록 끔찍한 일인지 이해할 수 없었지만, 예상치 못한 소나기에 대비해 항상 우산을 들고 다니듯 최소한 이런 일에 대비할 수는 있게 되었다.

또한 단백질은 '집단에 어울리는 일'에 관한 한, 나 자신을 대체할 것은 없다는 사실도 깨닫게 해주었다. 십 대 시절에는 다른 사람처럼 보이게 훈련할 수 있다고 생각한 적도 있었다. 또래 친구들의 행동을 흉내 내면서 친구들의 관심사, 버릇, 언어를 따라갔다.

나는 소녀들 집단에 들어가서 그들이 그저 재미 삼아, 라고 말하는 것들을 하고 싶었다. 즉, 친구들이 하는 행동을 같이하고, 소녀들이 나누는 농담에 끼고, 친구들이 흥분할 때 같이 들뜨고 싶었다. 절실하게 보통 사람이 되고 싶었다. 물론 그러기 위해서 적절한 연구부터 시작했다. 나는 구글에서 '평범한 소녀가 되는 법'을 검색하다가 호박 라테, 푸파 재킷(두꺼운 패딩 재킷-옮긴이), 작지만 의미 있는 문신까지, 아주 특별한 검색 결과들을 찾았다. 나는 이것들이 내게 어느 정도 위장술과 연관성을 제공하기를 바라면서 푸파 재킷을 샀고, 커피를 마셨으며, 〈도슨의 청춘 일기Dawson's Creek〉와 〈메이드 인 첼시Made in Chelsea〉를 시청했다. 당시 크게 유행했던 〈메이드 인 첼시〉를 보다가 잠들었을 때, 나는 이 방법이 완벽히 실패했다는 사실을 깨달았다. 나는 팔을 움직이기 힘든 데다가 좋아하지도 않는 재킷을 입고, 마시기 싫은 음료를 마시며, 재미없는 농담이 웃긴 척하고 있었다(물론 엉뚱한 타이밍에 웃었다). 그것은 심지어 ADHD 자체보다 더 진이 빠지는 일이었다. 무엇보다도 나는 내 과학책들이 그리웠다(지금도 주말에는 수학을 공부할 수 있다는 사실이 나를 움직이게 한다). 친구들을 흉내 내면서 소녀들의 집단에 섞이려던 내 노력은 나 자신의 개성을 억누르는 결과로 끝났고, 소외되었을 때보다 더 기분이 나빴다. 단백질은 내게 이 실험을 반복하지 말라고, 순응이라는 세이렌의 노래의 희생자가 되지 말라고 말해주었다.

단백질에서 배울 가장 중요한 교훈은 타인과 더 원활하게 상호작용하고 일하는 방법이다. 이것이 가능한 이유는 인간과 달리 단백질은 다름의 필요성을 인식하고 존중하기 때문이다. 앞서 내가 설명한 것처럼 단백질이 상호 보완적인 역할을 선택해서 다양한 유형의 단백질과 조화롭게 기능을 수행할 수 있는 것은 바로 그 덕분이다. 인간은 이 일에 그다지 능숙하지 않다. 집단행동은 개인의 다양한 성격에 따라 결정될지도 모르지만, 인간의 본능은 대개 균일성을 지향한다. 대부분의 사람은 기본적으로 무리에 어울리고 동료에게 인정받으려는 욕망으로 움직인다. 우리는 사회적 상황에서 각자 다른 역할을 해내지만 균일성을 향한 욕망은 대체로 무의식적이며, 우리는 이 역학을 이해하지 못해서 유용하게 활용하지 못한다. 게다가 우리의 '다름'이 각자를 정의하고 효율적인 의사소통과 협력을 뒷받침한다면, 소속감을 느끼려는 우리의 충동이 오히려 역효과를 낳을 위험이 있다. 우리는 자신의 진실한 성격을 부인하거나 숨기지 말고 이를 수용하고 활용해야 한다. 당신이 경청하는 사람이라면 높은 수준의 공감 능력을 최대한 활용하라. 당신이 키나아제 유형이라면 사람들을 웃게 만드는 능력이 강력한 무기일 것이다. 당신 자신으로 존재할 때 사회적인 상황, 혹은 직업적인 상황 어느 쪽에서든 인간으로서 더 효율적으로 일할 수 있고, 다른 사람들도 당신을 있는 그대로 더 잘 수용할 수 있다.

과학은 균일성은 도움이 되지 않으며, 협력과 성공에 꼭 필요한 것은 다양성이라는 점을 보여준다. 불행하게도 이 같은 자연의 가장 대표적인 사례가 생물적 의사소통과 상호 의존성의 경이로움을 보여주는 암세포다. 종양에서 일부 세포는 종양을 계속 성장시키고, 다른 세포는 종양 표면을 보호하며 면역계와 치료 효과를 중화한다.

듣기에 불쾌할 수도 있지만, 암은 더 깊이 연구해야 할 대상이며 그로부터 배울 점도 있다. 종양에는 직장이든 축구 경기장이든 인간으로 이루어진 팀처럼 팀워크를 해치는 자아 요인이 없다. 다양한 세포가 자신만의 특별한 역할을 이행하며, 상황에 따라 필요하다면 다른 유사 기능도 발달시킬 수 있다. 종양은 부분이 전체의 요구에 순응하는 생물적 공감 능력의 모델이다. 이는 암을 치료하기가 몹시 힘든 이유이기도 하다. 종양에는 치료해야 할 다양한 세포가 너무나 많고, 각 세포가 발달하면서 역할을 바꾸기도 하므로 치료 표적을 정하기가 엄청나게 어렵다. 암은 항상 다음 단계를 준비하며, 연구자들은 끊임없이 뒤를 쫓는다.

그러나 만약 암이 최선의 연구와 치료 노력도 소용없이 다양성과 효율적인 협력을 통해 번성할 수 있다면 우리 인간도 그럴 수 있다. 제 기능을 하는 생태계를 창조하기 위한 다양한 성격 유형과 역할, 상호 연관성을 이해할 필요성을 진지하게 인정한다면 말이다. 생물체가 의도적으로 즐겨 사용하는 효율성을 누리려면 우리도 서로의 다름을, 서로의 기묘함을 이해하고 수용해야 한다.

어쩌면 당신은 이제 막 새 직장에 취직했고, 사무실이 실제로 운영되는 방식을 알고 싶을 수 있다. 그럴 때는 단백질을 찾아보자. 먼저 회의에서 가장 많이 말하는 키나아제와 중요한 의사 결정을 내리는 핵단백질을 구분한다. 당신이 적응하도록 도와줄 수용체 단백질도, 법석을 떨지는 않지만 일을 진행할 때 반드시 있어야 하는 연결체 단백질도 찾아본다.

어떤 분야건 팀을 구성할 때도 같은 생각을 적용해야 한다. 종종 기업은 채용하고 싶은 특정 인재상을 제시하면서, 사업이 성공하는 데 필요한 모든 다양한 요건을 특정 성격 유형이 전부 충족할 수 있다고 생각하는 듯하다. 모두가 동의해야만 한다는, 균일한 정신이라는 이 개념은 암세포가 입증한 사실과 어긋난다. 즉, 경쟁에서 선두를 지키기 위해 지속적인 성장을 달성하는 가장 본질적인 요소는 다양성과 진화하는 능력이라는 사실 말이다. 성공적인 축구팀에 다양한 포지션을 소화하는 선수가 필요하듯이, 번영하는 조직에는 다양한 성격과 여러 관점이 필요하다.

이처럼 단백질의 예는 인간으로서 우리가 종종 우리의 잠재력을 충족시키지 못하는 두 가지 영역을 강조한다. 첫째는 진화, 둘째는 차이의 효용이다. 만약 단백질 분자처럼 발전하고 삶을 바꾸는 우리의 능력을 더 믿는다면, 그리고 우리의 성격과 관점의 특수성을 더 신뢰한다면(동시에 우리 주변 사람들에게도 똑같은 신뢰를 보낸다면), 우리는 개인으로서, 친구로서, 그리고 가정과 직장을 집단으로 조직화하는 과정에서 수많은 억압과 오해를 차단할 수 있다.

우리는 매우 다양한 성격을 갖고 있으므로 더 자신감을 가지고, 남의 시선을 조금 덜 의식하며, 서로 다른 타인의 역할을 더 수용하라는 것이 단백질이 주는 교훈이다. 무리에 속하려는 기본적인 (혹은 최소한 신경전형적인) 인간의 충동을 억제하고, 우리의 기묘한 면을 찬양하며, 이것이 사회 결속에 중요하다는 사실을 깨달아야 한다. 차이는 우리가 함께 일하도록 도우며 개성은 효율적인 팀워크의 핵심이라고 단백질은 말한다. 현미경을 통해서만 볼 수 있는 분자가 우리에게 주는 커다란 교훈이다. 이제, 서로를 더 자세히 관찰해야 할 시간이다.

CHAPTER 3

완벽함에 집착하지 않는 법

열역학, 질서와 무질서

✗ ✗ ✗

"네 방은 끔찍할 정도로 엉망이야." 언젠가 내 기숙사 방에 왔던 엄마가 소리쳤다. "앉을 자리도 없잖아!"

엄마와 방 청소 문제로, 그리고 엉망이라는 상태를 구성하는 요소에 대한 서로 다른 해석으로 언쟁해본 적 없는 사람이 있을까?

어수선한 내 왕국은 게으름보다는 불안의 결과였다. 훈련되지 않은 눈에는 혼돈의 광경으로 보이겠지만 내게는 개인 용도에 맞춰진 상태였고, 모든 것이 내가 마지막으로 내려놓은 자리에 있었으며, 즉시 사용할 수 있도록 최적의 장소에 자연스럽게 놓여있었다. 바닥 한가운데에 흩어져 있는 소지품들은 아무렇게나 놓은 게 아니라 어디에서든 내 손에 닿도록 배치한 것이었다.

"자연스럽고 적응하기 쉽잖아요! 이게 내 방식이에요." 이렇게 말하자 엄마는 자애롭게 눈을 굴려 시선을 피했다. "잘해보렴." 엄마는 내가 네 살 때 엘턴 존과 결혼하고 싶다고 말했을 때와 정확하게 똑같은 목소리로 중얼거렸다.

비록 엄마와의 논쟁에서는 감히 말하지 못했지만 내 방의 수상쩍은 상태는 열역학으로도 설명할 수 있다. 열역학은 에너지가 어떻게 움직이고 전달되는지를 설명하는 학문으로 물리학의 한 분야다. 열역학 법칙은 만약 그대로 내버려 두면 시간이 흐를수록 우주는 필연적으로 더 무질서해진다고 말한다. 그러니 질서를 세우려는 우리의 모든 노력은 열역학 제2법칙을 거스르는 일이다. 열역학 제2법칙은 계系(경계나 수학적 제약으로 정의된, 실제 또는 상상적인 우주의 일부분. 주위와의 관계에 따라 닫힌계, 열린계, 고립계로 구분된다-옮긴이)에서 엔트로피(대략 '무질서'라고 보면 된다)는 항상 자연스럽게 증가하며, 사용할 수 있는 에너지는 줄어든다고 일러준다. 따라서 어수선한 방은 아마 우리가 아무리 노력해도 근본적으로 피할 수 없는 결과다.

하지만 전 세계 십 대들이 쌓아놓은 양말 더미를 합리화할 때 부모에게 열역학 이론을 인용할 수 있으리라는 희망으로 이야기를 꺼낸 것은 아니다. 열역학의 원리를 이해하면 논쟁에서 유리해지기도 하지만, 이는 우리의 삶에서 질서와 무질서가 맡은 역할과 이들을 지배하는 물리학 법칙처럼 더 근본적인 것을 인식하는 일이기도 하다.

내 방의 상태, 엄마가 만족할 만큼 방을 깔끔하게 치우고 싶은 욕망과 나 자신의 욕구, 어떻게 해야 깔끔해지는가라는 의문은 차치하고 도대체 깔끔함이란 무엇인가라는 의문을 해결하려 노력할 때, 열역학 법칙이 내 지침이 되어주었다. 열역학 법칙은 질서를 향한 내 욕망을 더 면밀하게 이해하도록 도와주었고, 성취하거나 성취할 수 없는 것을 구별하게 해주었다. 단순히 저녁 시간을 더 효율적으로 활용하기 위해 일주일 치 식단 계획을 짜는 것과 나와 친구, 가족, 사랑하는 사람들의 질서에 관한 비전을 조화시키는(예를 들어 방을 어떻게 정리할지, 혹은 휴가를 어떻게 보낼지 계획을 세우는) 도전의 차이처럼 말이다. 또 열역학 법칙은 삶에 질서를 부여하려는 우리의 노력이 고립된 것이 아니라, 인간과 무생물체의 에너지 욕구가 엉망으로 뒤얽힌 맥락 속에 존재한다는 중요하고도 새로운 관점을 내게 주었다.

우정이나 관계에서는 자신의 질서 감각을 상대방의 질서 감각과 잘 어우러지게 해야 한다. 타협하면 되는 간단한 문제처럼 보일 수도 있지만 종종 그보다 복잡해지기도 한다. 개인의 질서 감각은 단순하지도 모호하지도 않고, 쉽게 흔들리지도 않기 때문이다. 그것은 경험, 선호도, 뿌리 깊은 습관이라는 여러 층에서 진화한 섬세한 걸작으로, 깨졌을 때만 목소리를 내면서 무언의 기대감을 드러낸다. 이를 붓질 한번으로 덮으려고 하면 당신은 곧바로 문제에 부딪히게 될 것이다.

이런 요구를 이해하고 존중하지 않으면, 열역학이 설정한 삶의 틀을 인식하지 못하면, 우리가 추구하는 감정, 환경, 생활 방식의 균형을 이루기 위해 힘겹게 투쟁해야 할 것이다. 우리는 모두 자신이 원하는 삶을 원하는 방식으로 살기 위해 노력하는 동시에 타인의 선호도, 욕구, 기벽을 수용하고, 이용할 수 있는 시간과 공간 안에서 현실적으로 이 둘을 조화시키려 한다. 이때 열역학을 알면 주변 세계를 작은 조각이나마 다룰 수 있다. 이는 균형 잡힌 삶으로 향하는 열쇠이자, 정돈된 방의 열쇠이기도 하다.

무질서하게 질서 정연한 사람

삶의 모든 측면에서 내가 의지할 만한 질서 감각을 유지하는 일이 늘 중요한 이유는 명백했다. 그러나 불행하게도 그게 내 삶과 작업 환경을 정돈하는 일로 이어지지는 않았다. 이것은 상당히 흔하면서도 역설적인 자폐증의 특징인데, 특히 내 경우는 질서와 확실성을 갈망하면서도 종종 나만의 질서를 세우려 분투한다.

따라서 자폐증이 있는 사람들은 매일의 질서를 통제할 믿을 만한 수단을 찾으면 무슨 일이 있어도 그것에 집착한다. 접시에 음식을 담는 방식이나 방 커튼의 위치, 책상 위 물건들의 정확한 배치, 특정 의자만 사용하는 것 등을 예로 들 수 있다. 이 모든 것이 우리가 집착하는 일상의 맥락을 형성하며 우리가 매일 제 역할을 하도록 돕는다. (하지만 혼란스럽게도 항상 바뀌며 종종 빠르게 사라지는 확실성의 유행에 휩쓸리기도 한다.)

전체적으로 내 삶의 일상을 사랑하긴 하지만 나는 나만의 왕국에 질서를 세우려 고군분투한다. 사방에 흩어져 있는 책과 논문, 장엄하게 바닥에 쌓인 옷 무더기는 그저 물건을 빨리 찾을 수 있는 편리하고 자연스러운 배치일 뿐이었다. 하지만 동시에 이 사실은 나를 괴롭히기도 했는데, 삶의 다른 부분에서는 의심할 여지 없이 질서 정연한 내가 가장 중요한 공간에서는 그렇지 못했기 때문이다. 어떤 면에서는 사방에 물건을 흩트려 놓는 것이 내게 어울리더라도, 내 강박장애가 나타나서 다른 부분에 존재하는 질서 정연한 밀리처럼 행동하라고 요구했다. 침실이 이렇게 엉망인데 내가 질서 정연한 사람이라고, 하지도 못하는 거짓말을 하는 기분이었다. 이 내재한 모순은 마치 목에 쥐가 난 것처럼 나를 불안하게 만들었다. 목덜미의 서로 다른 부분들이 비대칭적으로 조여드는 느낌이었다.

질서를 향한 내 욕구와 질서에 대한 엄마의 생각, 효율적인 환경이 어떤 모습인지에 대한 내 직감 사이에서 나는 갈등했다. 그때는 공간을 '정돈하는' 방법이라는 문제에 도달하기도 전이었고, 나의 뇌는 내 방이 어떻게 보여야 할지를 두고 계속해서 순열을 만들었으며, 거기에 덧붙여 정돈된 방을 완성할 온갖 다양한 방법도 제시했다. 나는 '정돈'이 실제로 어떤 상태일지 객관적인 개념이 없었다. 수많은 순열을 빠르게 처리하면서 내 마음은 쭈글쭈글해져 버렸고 불안은 전속력으로 굴러갔다.

갇힌 기분이 들었다. 이것은 자폐스펙트럼장애를 가진 사람들이 겪는 어려움인데, 우리는 종종 무엇을 해야 할지 몰라서가 아니라 생각이 너무 많아서 문제다. 우리는 가능한 모든 정돈 방식과 모든 조합을 상상한다. 이는 필터가 없는 거대한 풍경과 같아서 대체로 우리는 풍경 한가운데에 얼어붙은 채 고립된다. 꼭두각시 인형을 매단 줄처럼 우리를 사방으로 끌어당기는 자유와 선택, 조합이 지나치게 많은 것이다.

따라서 당신이 추측하는 그대로, 나는 내 방을 정돈하기가 정말, 엄청나게 힘들었다. 이 문제는 아직까지도 현재진행형이며, 누군가가 내 방에 손대서 깨지기 쉬운 나의 '질서 있는 무질서' 감각을 흩트려 놓을 때면 흥분하기는 하지만, 내 모든 삶의 공간과 일하는 공간은 대체로 끊임없이 변화하는 상태다. 아마 당신도 이 느낌을 알 것이다. 당신만의 방식대로 정리한 책상이 다른 사람 눈에는 어지럽게 보여도 당신에게는 딱 알맞은 상태인 것과 같다. 휴가를 보낸 뒤 출근했을 때, 누군가가 내 사무실 의자에 앉아 이것저것 건드렸다면 단박에 눈치챌 수 있다. 예상치 못한 일이 당신의 일상을 엉망으로 만든다면 아무리 사소한 일이라도 절대 기분 좋은 날이 될 수 없다. 깜짝 파티를 좋아하는 사람에게도 질서를 향한 근본적인 욕구는 여전히 존재한다.

설상가상으로 엄마가 3일 뒤에 다시 기숙사에 온다고 했으므로, 어떻게든 해야 했다. 방을 치울 방법을 찾거나 바닥에 널린 옷 무더기를 한꺼번에 옷장에 밀어 넣는 대신(어쨌든 이건 소용없었다), 내가 과학책을 집어 들었다는 사실이 더 이상 당신에게는 놀랍지 않을 것이다. 나는 《물리화학의 기초》를 펼쳤다(이 책을 결국 요가 매트 밑에서 찾았다. 체계가 분명히 있다고 한 내 말을 기억할 것).

물리화학책은 방을 어떻게 정돈할지에 관해 통찰력을 주지는 않았지만, 우리가 이해해야 할 더 중요한 개념을 알려주었다. "무질서에서 질서를 창조하려면 에너지가 필요하며, 이 과정은 열역학적으로 선호(부가적인 에너지가 사용되는 일 없이 자연스럽게 일어나는 것, 얼음이 녹는 과정을 예로 들 수 있다)되지 않는다." 이게 무슨 말인지 나는 잘 알고 있다. 정돈한다는 생각만으로도 나는 기분이 처진다.

이것이 내 문제의 근원이며 우리가 삶에서 열심히 질서를 만들고 유지해야 하는 이유다. 질서는 근본적으로 자연스럽지 않은 상태이며, 빠르게 느슨해지려는 우주적 충동에 단정하고 정돈된 상태를 향한 인간의 욕구가 맞서는 일이다. 시간이 흐르면서 질서가 흐트러지는 건 무작위로 이루어지는 일이 아니라 그저 분자물리학의 운명이다.

이것은 인류와 자연이 맞붙는 전투의 근원이나 다름없다. 우리는 벽을 세우지만, 시간이 흐르면 벽은 무너진다. 우리는 결국 칠이 조각조각 벗겨져서 다시 칠해야 한다는 걸 알면서도 건물에 페인트를 칠한다. 우리는 지속적이며 반복적인 노력 없이는 머지않아 다시 흩어질 것을 알면서도 가진 물건을 정리한다.

당신이 질서를 부여하기 위해 하는 모든 일은 크든 작든 조만간 원래 상태로 되돌아간다. 즉, 무질서에 대응하려면 그 모든 일을 반복해야 한다는 뜻이다. 《물리화학의 기초》가 알려주듯이, 여기에는 에너지가 필요하다. 몇 가지 예를 들자면, 옷을 개고 설거지를 하고 면도하는 것을 들 수 있다. 내 경우에는 일상 대화의 '규칙'을 따르려 노력하는 것을 들 수 있다.

따라서 다음번에 당신이 무언가를 원하는 방식으로 정리하려고 분투한다면 스스로를 비난하지 말자. 대신 열역학을 비난하라. 아니, 그보다는 열역학이 삶을 체계화하는 조건을 결정한다는 점을 알아야 한다. 질서를 부여할 수는 있지만, 에너지를 사용해야만 한다. 그리고 여러분이 창조한 질서는 아무리 신중하게 계획해도 시간이 지나면 뒤집힐 것이다.

질서 정연한 삶을 추구할 때는 우리가 고립된 채 행동하는 게 아니라는 점을 깨달아야 한다. 저 너머에 우리가 탐색해야 할 분자물리학의 세계가 펼쳐져 있다. 분자물리학을 탐색한다는 말은 어느 정도의 무질서는 필연적이라는 사실을 받아들인다는 뜻이다. 당신은 완벽하게 질서 정연한 삶에 대한 생각부터 시작해 자신이 임할 전투를 선택하고 어느 정도 타협해야 한다.

방 정리가 힘든 것은 우주의 이치

열역학 법칙의 특성과 이 법칙이 삶의 무질서를 증가시키는 과정을 조금 더 자세히 살펴보자. 열역학 법칙은 총 네 개지만 우리가 살펴볼 것은 제1법칙과 제2법칙이다.

열역학 제1법칙은 에너지는 생성되거나 소멸하지 않으며, 오직 위치와 형태만 바꿀 수 있다고 명시한다. 열역학 제2법칙은 에너지의 형태가 바뀔 때 무슨 일이 일어나는지 알려주며, 고립계(외부와 에너지나 물질의 교환이 이루어지지 않는 폐쇄되어 있는 계-옮긴이)의 엔트로피는 증가하거나 일정하게 유지될 수만 있다고 명시한다. 고립계의 엔트로피가 낮을 때 반응할 수 있는 열에너지가 가장 크며, 따라서 이들이 하는 일은 바로 열역학적으로 선호하는 자발적 반응을 일으키는 것이다(보통은 고체에서 액체나 기체로 바뀌는 반응이다). 반응이 일어난 뒤에 에너지가 사라지는 건 아니지만(제1법칙을 기억할 것) 이전과 같은 상태를 유지하지도 않는다. 일단 장작을 태워서 재와 연기로 바뀌면, 불은 꺼진다. 에너지는 이제 더 이질적인 형태로 확산해 퍼져있으며 이전보다 '유용성'이 낮아졌다고 말한다. 이처럼 엔트로피는 계에서 반응을 일으키는 열에너지의 유용성을 측정하는 데 활용되는데, 엔트로피가 높을수록 에너지의 '유용성'은 더 낮다.

열역학 제2법칙은 계에 존재하는 에너지가 시간이 흐르면서 자연스럽게 항상 무질서하고 생산성이 낮은 상태로 움직인다는 사실을 알려준다. 생산성이 낮은 상태는 일을 더 적게 한다는 뜻이다(마치 화요일 저녁처럼).

또 다른 단순한 사례로 얼음을 냉동실에서 꺼내면 어떻게 되는지 생각해보자. 시간이 조금 지나면 얼음은 녹아 액체 상태가 되고, 이후에는 결국 수증기로 증발한다. 이런 변화를 통해 엔트로피는 증가한다. 고체로 단단하게 결합해 있던 분자는 이제 기체가 되어 여기저기 뛰어다니며 즐겁게 지낸다. 따라서 엔트로피, 즉 무질서가 증가했다. 열역학 제2법칙이 알려주는 우리 주변에서 일어나는 일은 이런 것이다. (수증기를 응축하고 물을 다시 얼음으로 얼리면 되지 않겠냐고 생각할 수 있지만, 이는 자연스럽게 일어난 변화를 외부의 에너지를 사용해서 되돌리는 것이므로 더는 고립계가 아니다.)

따라서 아주 단순하게 말하면, 열역학은 외부의 개입 없이 자연스럽게 일어나는 과정에서는 엔트로피(무질서)가 항상 증가한다는 사실을 알려준다. 이 법칙은 유리잔이 깨져서 산산조각 나는 것이 (즉 엔트로피가 증가하는 것이), 깨진 유리 조각을 다시 붙이는 일보다 쉬운 이유를 설명해준다. 혹은 수년 전에 내가 발견했듯이, 공원의 낙엽 무더기를 걷어차서 흩어지게 하는 데는 1초도 안 걸리지만, 흩어진 낙엽을 원래대로 모으는 일은 오후 내내 걸릴 수도 있다는 것 역시 설명해준다. 공식적으로는 성공할 수 없을 테고, 아마 다섯 시간 후에는 잘못된 자기 회의감에 사로잡혀 완전히 지쳐 나가떨어질 것이다. 좋은 시절이었다.

엔트로피가 증가하는 자연스러운 반응과 달리, 질서를 세우는 일은 외부 에너지가 필요하기 때문에 힘들다. 당신은 엔트로피가 증가하는 자연스러운 반응을 일으키려는 계의 추진력과 맞서야 한다.

이런 방식으로 계의 에너지양을 측정하는 것(특정 순간의 유용한 에너지양을 계산하는 '기브스 자유에너지Gibbs free energy'를 통해 측정한다)은 임의적이거나 기술적인 문제가 아니다. 어떤 일이 일어날지 일어나지 않을지 알 수 있는, 거의 전 과학 분야를 통틀어 우리가 가진 가장 중요한 도구다. 열역학은 우리의 지식과 연구 방법의 큰 부분을 좌우한다. 어떤 반응이 일어날 확률이 더 높은지를 알 수 있는 완벽하게 신뢰할 만한 방법이다. 우리는 그저 어느 반응이 열역학적으로 선호도가 더 높은지 계산하기만 하면 된다.

나는 항상 열역학이 편안하게 느껴졌다. 사람들은 너무 자주 혼란을 드러내지만 열역학은 확실성을 보여준다. 방금 저 사람이 한 말은 정확하게 문자 그대로의 뜻인가, 아니면 다른 것을 암시하는가? 쓰거나 말하지 않았지만 알아들어야만 할 미묘한 뉘앙스를 놓친 건 아닌가? 내게는 이런 일들이 고장 난 라디오나 마찬가지다. 아무리 주파수를 맞추려 해도 수신 상태는 항상 나쁘다. 이와 달리 열역학이 우리에게 보내는 신호는 수정처럼 투명하다.

열역학이 일상에서 우리에게 주는 교훈도 마찬가지다. 집을 깔끔하게 정돈하는 일이 어려운 것은, 물건을 접거나 쌓고 모든 물건이 놓일 자리를 마련하며 이불과 씨름하는 일이 고통스러워서만은 아니다. 그것은 당신이 자연히 무질서로 향하는 환경에서 엔트로피를 낮추려 애쓰기 때문이다. 따라서 부모님이나 배우자, 동거인이 당신의 방식을 바꾸고 물건을 정리하라고 할 때, 이들의 요구는 그저 게으름을 극복하라거나 당신만의 독특한 질서 감각을 뒤엎으라는 것만이 아니다. 그보다는 당신에게 열역학의 근본 원리에 대항하라고 요구하는 것이다. 정리하기 싫을 때 훨씬 그럴듯한 변명이지 않은가.

한정된 에너지를 어디에 쓸지 결정하자

삶에서 질서를 만들어내려 노력할 때는 열역학이 우리를 위해 마련한 힘든 싸움을 이해해야 한다. 그렇다고 해서 우리가 싸움에서 무력하다는 뜻은 아니다. 무질서에서 질서를 만드는 반응이 열역학적으로 선호되지 않는다는 교과서 내용을 기억하는가? 계의 엔트로피(무질서)를 낮추려면 일하고 에너지를 소모해야 하지만, 불가능하지는 않다. 성취하려면 시간과 에너지를 투자해야 할 뿐이다. 따라서 희생할 가치가 있는지를 결정해야 한다. 내 경우에는 이 책이 좋은 예시인데, 이 책의 아이디어는 내 머릿속 무질서의 해일에서 뽑아내고 군더더기를 제거한 것이다. 아이디어를 질서 잡힌 무엇으로 확정하는 일에는 엄청난 에너지가 소모되었지만, 나는 이 작업을 하면서 즐거웠고 많은 것을 배웠다.

돈과 빵을 동시에 가질 수는 없으므로 문제는 어느 쪽을 더 선호하는가가 된다. 정신적 화폐와 실제 돈을 아낄 것인가, 아니면 주어진 환경에서 우리가 스스로 세운 목표를 성취할 것인가? 중요한 점은 트레이드오프trade-off(두 목표 중 하나를 달성하면 다른 하나의 성취는 미뤄지는 것–옮긴이)를 이해하는 것이다. 질서를 세우고 싶다면 열역학에 대항하여 어느 정도는 싸워야 한다. 싸우면 어떤 방식이나 형태로든 우리는 에너지를 사용하게 된다.

그렇다면 극복하기에는 너무나 거대한 열역학을 적수로 만들지 않으면서, 우리가 원하는 것을 이루고 우리가 열망하는 질서 감각을 만들 방법은 없을까?

해결책의 하나로는 기대를 현실적인 수준으로 낮추는 방법이 있다. 질서에 관한 비전이 더 세밀할수록 당신이 예상하는 엔트로피 상태는 더 낮아지며, 그 비전을 달성하려면 더 노력해야 할 것이다. 열역학은 완벽주의의 적이다. 열역학 제2법칙 때문에 완벽주의는 끝나지 않는 전투로 바뀌기 때문이다.

우리가 바위를 언덕 정상에 얼마나 가깝게 굴려 올리든 간에, 무질서를 향한 분자의 이동은 항상 바위를 언덕 아래로 끌어내릴 것이다. 당신의 질서 감각이 더 완벽할수록 당신이 올라야 할 언덕은 더 높고 가팔라지며 열역학적으로 선호도가 더 낮아지는 상황이기 때문에 정상에 오르기까지 더 많은 에너지가 소모될 것이다.

따라서 당신의 기대를 낮춰야 하지만 재분배해야 할 만큼 많이 낮출 필요는 없다. 우리는 모두 같은 양의 에너지와 주의력을 갖추고 있으며, 관건은 이를 어떻게 활용하는가다. 완벽주의라는 이름의 산봉우리를 모두 오를 수는 없으며, 진짜 문제와 씨름할 에너지를 충분히 아껴둬야 한다는 점을 명심하라.

예를 들어, 나는 방을 정리하려면 이틀 동안 준비해야 한다. 모든 순열을 계산해보고, 선택지가 너무 많은 데서 오는 불안감을 다스리고, 깔끔하게 정돈된 방이라는 게 과연 존재하는지, 있다면 어떤 모습일지 나 자신에게 물어봐야 한다. 정리가 마침내 시작되어도 속도는 아주 느리다. 엄마를 안심시키기 위해 방 정리를 할 때는 시계와 머그잔을 어디에 둘지 결정하는 데만 한 시간이 걸렸다.

질서의 층에 따른 에너지 분포

질서의 유형 - 사람마다 각 층의 무게를 다르게 매긴다

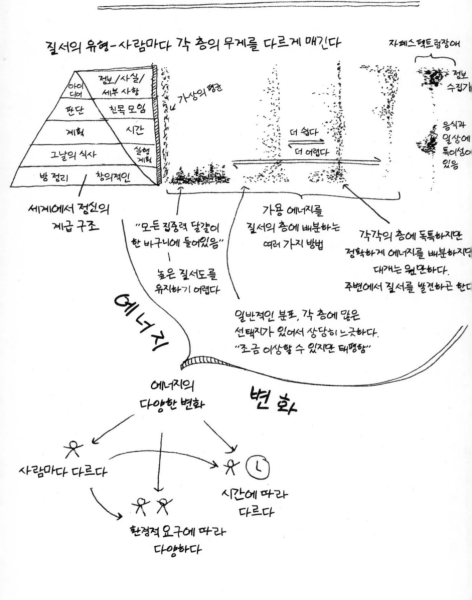

자폐스펙트럼장애

아이디어	정보/사실/세부 사항
판단	친목 모임
계획	시간
그날의 식사	실행 계획
방 정리	창의적인

세계에서 정신의 계급 구조

가상의 평균

더 쉽다
더 어렵다

정보 수집가

음식과 일상에 특이성이 있음

"모든 집중력 달걀이 한 바구니에 들어있음"

↓

높은 질서도를 유지하기 어렵다

가용 에너지를 질서의 층에 배분하는 여러 가지 방법

각각의 층에 독특하지만 정확하게 에너지를 배분하지만 대개는 원만하다. 주변에서 질서를 발견하곤 한다

일반적인 분포, 각 층에 많은 선택지가 있어서 상당히 느긋하다.
"조금 이상할 수 있지만 태평함"

에너지

변화

에너지의 다양한 변화

사람마다 다르다

시간에 따라 다르다

환경적 요구에 따라 다양하다

빨래 바구니 위치를 다시 정하고 창문을 여는 데 두 시간이 걸렸다. 내 마음은 온갖 선택과 우선 사항 사이에서 질주했다. 무엇을 어디에 두어야 할까? 상황에 따라 다르지 않나? 너무 많은 프로그램을 돌리는 컴퓨터처럼, 내 마음은 수많은 선택과 대안으로 꽉 막히고 말았고, 머릿속 커서는 화면 근처에서 멈춰버렸다. 또다시 차를 한잔 마시고 누워야 할 때였다.

당신도 알 수 있듯이, 내게 방 정리는 열역학적으로 선호되지 않는 일이다. 나는 무질서의 필연성과 싸울 뿐 아니라, 질서를 대변할 수 있는 것이 무엇인지에 관한 스스로의 다층적 관점과도 전투를 치르는 중이었다. 나는 모든 선택과 혼란에, 보이지 않는 내 선호도와 타인의 선호도와의 연관성에 기진맥진해졌다.

그렇다면 정리를 하는 이유는 무엇일까? 음, 그건 열역학 실험과 달리 우리의 삶은 고립계가 아니기 때문이다. 우리는 친구, 가족, 사랑하는 사람과 함께 살아가며, 이들은 모두 자신만의 선호도 매개변수가 있다. 즉, 타협해야 한다는 뜻이다. 나 자신에게만 최적인 조건에만 초점을 맞출 수 없으며, 주변 사람들도 이해하고 그들에게 공감해야 한다. 따라서 처음 생각했던 것보다 선택을 위한 전투는 더 많이 벌어진다.

내 질서와 타인의 질서 사이에서

사람들이 의견 합치를 이루지 못하는 사례는 멀리서 찾을 필요가 없다. 사무실에 틀어놓을 음악 목록을 만들거나 많은 사람이 좋아하는 영화를 함께 보려고 고를 때, 혹은 모두가 인정하는 볼로네즈 소스 요리법을 찾을 때, 우리는 최고에 관한 인간의 감각이 사람마다 얼마나 다른지, 종종 그 차이가 얼마나 심각한지 알게 된다.

토마토가 맛있는지 맛없는지(정답: 맛있다), 정돈된 방은 '이런 모습'이라고 말할 수 있는지, 혹은 특정 개인이 특정 성격 특성을 지니고 있는지에 대해 모두가 동의할 수 있을까? 불행하게도 그렇지 않을 것이다.

질서가 어떤 형태일지에 관한 우리의 비전 역시 마찬가지다. 어떤 사람은 색감을 통일하고 물건을 단정하게 모아두고 책상을 정리하는 것을 선호하고 꼭 그렇게 해야 하지만, 또 다른 사람은 더 혼란한 체계를 적극적으로 활용하거나 그저 모든 것을 정리할 만큼 인내심이 없을 수 있다. 또 어떤 사람들은 나처럼 두 가지 상태가 다소 일관성 없이 섞여 있을 수 있다.

내가 좋아하지 않으면서도 방을 정리하기로 마음먹은 것은 엄마를 안심시키기 위해서다. 엄마에게 내 사랑을 보여주는 방식이자 일종의 타협이었다. 나는 나보다는 엄마의 질서 감각을 만족시켜드렸다. 아마 나는 엄마가 집에서 항상 지켜오던 질서, 모든 것이, 심지어 욕실 세면대 마개까지도 정확하게 제자리에 있는 질서를 조금쯤은 바랐을지도 모른다. 내 세면대는 마개 자체가 없다.

어떤 질서 감각을 우선하든 간에, 중요한 것은 이렇게나 다양한 관점이 존재한다는 사실을 깨닫는 일이다. 자기에게 최선인 것이 다른 모두에게도 최선이라는 가정을 믿고 일을 진행하기는 쉽다. 어쨌든 그 가정이 자신에게는 완벽하게 일리가 있으니 다른 관점에서 어떻게 보일지를 생각하기는 쉽지 않은 것이다.

누군가가 매우 특별한 질서 감각에 따라 내 불안감을 완화하려 하면, 나는 이 호의에 보답하려 최선을 다한다. 내가 어렸을 때 많은 사람들이 내 질서 감각을 존중하고 지지해주었다는 점을 알기 때문이다. 나는 정해진 음식을 정해진 접시에 담아 먹고, 일일 계획을 복잡하게 세워 따르고, 머리는 항상 단단하게 땋고(머리 방울 하나는 위쪽에, 또 하나는 아래쪽에 달아야 했다), 영화를 보기 전에는 영화 도입부를 줄줄 늘어놓아야 하고, 내 전용 의자에 앉아야 했다.

조화로운 관계를 바란다면 주변 사람들이 세계를 어떻게 보는지, 그들의 질서 감각이 내 질서 감각과 얼마나 다른지에 더 많이 공감해야 한다. 공동 부엌에서 향신료 선반을 다시 정리하거나, 팬을 다른 찬장으로 옮기거나, 서랍 속 나이프와 포크의 배치를 바꾸는 일이 별일 아닐 수도 있다. 하지만 부엌을 같이 쓰는 사람 중 누군가에게는 물건을 찾기 어려워지는 등 그들의 질서 감각을 불안정하게 하는 심각한 변화일 수도 있다. 한 관점에서는 별것 아닌 일이 다른 관점에서는 아주 심각한 일일 수 있다. 오래 살던 아파트에서 이사를 준비하던 무렵 집주인이 집을 보러 왔었다. 어느 날 집에 돌아왔을 때 블라인드가 평소보다 조금 더 올라간 것을 발견했다. 그 작은 변화만으로도 나는 경미한 멜트다운에 빠지기에 충분했다.

만약 다른 사람이 '너를 위해서'라며(사실은 자기 자신을 위해서지만) 자신의 질서를 당신에게 강요한다면, 이는 행동 통제에 해당하며 당신은 이런 전투에 참여하지 않을 권리가 있다. 스물세 살까지 흡연자와 술 취한 사람에 대한 공포증이 있었던 나는 이런 잘못을 저지른 적이 있었는데, 돌이켜보면 고작 단순한 두려움 때문에 우정을 망쳐버렸다.

한편 엄마를 기쁘게 해주려고 자신의 에너지 평형을 깨트릴 정도로 엄마를 사랑한다면, 혹은 스트레스 받는 친구를 향한 냉혹한 반응을 적극적으로 억누를 수 있다면, 나는 당신에게 경의를 표하겠다. 이처럼 조용한 매일의 희생은 사람들 사이의 너그러움과 사랑을 보여주는 아주 미세한 몸짓이다.

그렇기는 해도 타인의 욕구에 공감하기 위해 당신의 욕구를 포기하라는 뜻은 아니다. 나도 모방의 함정을 겪어봐서 안다. 깨끗이 정리된 방은 어떤 것인가라는 문제와 처음 씨름했을 때, 나는 친구들이 자기 집과 삶에 어떻게 질서를 부여하는지를 관찰하고 영감을 받았다. 친구들의 옷 입는 방식과 식습관을 모방하고, 옷장 정리법과 벽에 그림을 거는 방식을 따라 한다면 문자 그대로 타인의 신발에 발을 넣듯 완벽한 질서라는 감각에 어느 정도 익숙해질 수 있을 것이었다(양말 신는 방식까지 따라 했는데, 분명히 말하지만 거기엔 일관성이 없었다). 그러나 친구를 흉내 내도 눈에 띌 만한 변화는 없었고, 잠자기 전 벽에 붙은 잭 에프론(미국의 배우 겸 가수—옮긴이) 포스터에 키스하는 친구의 습관을 내가 따라 하자 친구가 깜짝 놀라는 바람에 이 시도는 수포로 돌아갔다. 친구는 당황하며 "내가 잭 에프론을 좋아한다고 해서 너도 그럴 필요는 없어"라고 말했다. 나는 그저 이 흉내 내기가 내 방을 정돈하는 데 도움이 되는지만을 생각했다. 포스터는 버려졌고, 나는 처음부터 다시 시작해야 했다.

모방의 위험은 이보다 더 심각할 수도 있다. 타인에게서 힌트를 얻으면 내게 열역학적으로 가장 선호되는 상태가 무엇인지, 또 자신의 정신 생태계에 그것을 어떻게 적용할지도 영원히 알 수 없다. 우리의 가장 중요한 욕구를 충족하기 위해 제한된 정신 및 신체 에너지를 사용하는 방법을 최적화할 수 없게 된다.

실제든 상상이든, 이는 또래 압력을 피하려 안에 머물지 않고 밖으로 나간다는 뜻일 수도 있다. 또래 압력은 우리가 먹는 음식부터 옷을 입는 방식까지 모든 선택에 영향을 미칠 수 있다. 우리는 자신과 주변 사람들의 질서 감각이 충돌하는 상황과 계속해서 마주친다. 당신은 언제 타협하고 언제 자신의 질서를 고수할지 선택해야 한다.

나는 십 대 후반에 타인을 모방하는 일의 위험을 발견했는데, 건강에 다소 집착하게 되었을 때였다. 무엇이 내게 '좋고' 어떻게 해야 건강하게 살 수 있을까? 이 문제를 온라인에서 탐색하다가(이는 항상 잘못된 판단이다) 아주 명확한 답을 얻었다. 건강하게 살려면 운동을 많이 하고 특정 음식은 먹지 말아야 했는데, 나는 이 지시를 문자 그대로 실천했다. 너무 철저하게 지킨 나머지 실제로 식단에서 주요 식품군을 대부분 제외할 정도에 이르렀고, 사흘간 사과만 먹어서 열일곱 살에는 몸무게가 40킬로그램밖에 안 됐을 때도 있었다. 내가 최대한 건강해지는 데 필요한 모든 조건을 충족해나가고 있다고 생각했으므로 나는 배고프고 종종 메스꺼움이 올라온다는 사실을 무시했다. 극단적으로 궁지에 몰리고 나서야 인위적이고 훌륭한 질서 감각이 실제로는 내게 최악이었다는 것을 깨달았다. 하지만 일주일에 여러 번 헬스클럽에 가고 싶다면 몸이 운동할 때 연료로 사용할 수 있는 건강한 식단으로 먹어야 한다는 사실을 깨닫는 데는 여러 해가 걸렸다.

나는 다양한 선택지와 증거의 산을 오르내리는 법을 고민하는데, 수많은 선택과 근거로 이루어진 산의 풍경이 가끔은 매우 험준해 보인다. 즉, 내가 광범위하고 극단적인 상황에서 배운다는 뜻이다. 많은 십 대처럼, 나도 내가 선호하는 세계의 형태를 정의하기가 어려우며 수많은 시행착오를 겪어야 한다는 것을 발견했다. 질서를 만드는 것 자체만 힘든 게 아니라, 내 방식대로 만든 질서가 실제로 어떻게 보이고 느껴지는지를 알아내는 것 또한 힘들다.

최적의 상태로 존재하고 또 살아가는 방식은 믿기 힘들 정도로 개인적이다. 주변 사람들과 타협하고, 그들의 욕구가 내 욕구처럼 개인적이며 깊이 새겨진 것이라는 점을 이해하는 한편, 나 자신의 주체성도 지켜야 한다. 내가 어떻게 살아가고, 어디에 에너지를 쏟을지를 타인이 결정하는 상황은 피해야 한다.

타협하라는 물리학의 조언

열역학에서 중요한 개념 한 가지를 아직 제대로 소개하지 못했다. 이 개념은 우리 주변의 질서와 무질서를 탐색하는 데 도움이 된다. 바로 평형equilibrium이다.

평형은 모든 가역반응의 어머니이며, 내가 가장 좋아하는 개념이기도 하다. 과학적·사회적·심리적 추상 개념의 모든 범위에서 가역반응은 항상 일어나고 있다. 평형은 당신이 어떻게 걷고, 자발적으로 숨 쉬고, 지금처럼 책을 잡을 수 있는지를 설명해준다. 중앙난방으로 방을 따뜻하게 할 수 있는 이유, 케이크를 굽지 않은 상태로 되돌릴 수 없는 이유다.

엄밀하게 말하자면, 평형은 화학반응의 정반응과 역반응이 같은 속도로 일어나서 계의 전체 상태가 더 변화하지 않는 균형에 도달한 상태다. 아주 뜨거운 물체를 차가운 물체 옆에 두면 두 물체가 같은 온도가 되면서 평형을 이룬다. 반응의 시소가 완벽한 균형을 이루는 것이다.

열역학 법칙은 모든 고립계가 도달하려는 상태가 평형이라고 알려준다. 평형은 기브스 에너지가 0으로 줄어드는 가장 효율적인 상태이기 때문이다. 해야 할 일이 없고 따라서 에너지도 필요 없다.

이는 모든 것이 균형을 이루고, 힘들이지 않으며 일하고, 놀랄 것도 없고, 갑작스러운 변화도 없는 존재의 이상적인 상태로 들린다. 문제는 평형 상태가 생물학적으로든 은유적으로든 사람에게는 나타나지 않는다는 점이다. 인간의 몸이 평형과 가장 비슷해지는 상태는 항상성homeostasis으로, 이는 체온부터 수분량, 무기질 함량, 혈당 농도까지 우리 몸속 환경을 일정한 상태로 유지하도록 조절하는 일련의 과정이다. 항상성은 우리가 땀을 얼마나 흘릴지, 혈관이 수축할지 확장할지, 인슐린을 언제 분비할지까지 모든 것을 결정한다.

그러나 내가 삼촌의 과학책에서 읽고 불안한 동시에 자유로워졌던 문장에 따르면, 항상성은 완전한 평형이 아니다. 과학책에서는 우리 몸이 주변 환경과 최종적인 평형에 이르는 상태는 죽음이라고 했다. 따라서 평형은 궁극적으로는 인간의 필멸을 정의한다. 당신이 원하는 대로 받아들여도 좋다. 하지만 특이하게도 성취할 수 없는 치명적인 것을 추구하며 이를 통해 열망하고 성장하려는 것이 인간이다.

화학평형이나 열평형이 에너지 중립인 것과 대조적으로, 항상성은 변화하는 상태와 그에 따른 반응에 관한 지속적인 피드백 고리와 몸속 여러 기관이 관여하는 까다로운 과정이다. 해먹처럼 앞뒤로 흔들거리며 진정시켜주는 평형과 비교할 때, 항상성은 허리케인과 맞서 텐트를 세우는 일과 비슷하다. 한결같고 규칙적인 상태라는 목적은 평형과 비슷하지만, 목적을 달성하는 수단에서 이보다 더 다를 수는 없을 것이다.

대개 삶에서 최소한 외양이나마 질서 있게 유지하려면 우리는 우리 몸처럼 힘들게 일해야 한다. 일상의 시소는 내가 한 일과 다른 사람이 나에게 한 일 때문에 양쪽 끝에 다양한 압력을 항상 받는다. 모호하나마 균형 감각을 조금이라도 유지하는 일은 믿을 수 없을 정도로 힘들다. 어떤 결정이 우리의 마음이나 행복감에 힘은 같고 방향은 반대인 반작용을 일으킬지 항상 살펴야 한다.

즉 당신은 자신과 타협해야 하며, 옳은 결정과 삶의 선택이 무엇인지에 대한 자기 감각과도 타협해야 한다는 뜻이다. 이를 모두 해내기는 쉽지 않다. 일주일에 다섯 번 헬스클럽에 가고 싶어도 때로는 코가 막히고 목이 건조해서 쉬어야 할 수도 있다. 몸은 이렇게 말하지만 마음은 다른 것을 요구한다. 나는 언제나 마음이 말하는 대로 하고 싶었지만 나는 몸이 하는 말에 귀 기울이고 그날의 운동량을 정하는 법을 배워야만 했다. 이 사실을 완전히 받아들이기까지 십 년을 분투해야 했으며, 스물여섯 살이 되어서야 인정할 수 있었다.

열역학 법칙에 저항할 수 없듯이 우리는 시소의 움직임도 멈출 수 없다. 계 안에는 무질서가 존재하며 그것은 중력처럼 불가피하다. 솔직하게 말하자면 대부분의 사람들은 무질서에 의존해서 삶을 유기적으로 펼쳐나간다. 우리가 언제 작업물을 내놓을지, 혹은 언제 누구를 만날지 모호해질 수 있는 이유다. 무질서는 확실한 약속 대신 우리에게 필요한 숨 쉴 공간을 제공한다. 이와 대조적으로 내가 누군가를 '주중'에 만나겠다고 말하면 이는 명백하게 수요일 정오를 뜻한다. 그것 말고 다른 뜻이 있을까?

삶은 당신의 선택과 당신의 통제를 벗어난 환경 및 결정에서 나오는 입력값으로 정교하게 균형을 이룬다는 현실을 깨달아야 한다. 열역학적인 면에서 당신이 내리는 결정 중에 온전히 독립적이거나 비용을 치르지 않아도 되는 것은 없다. 모든 것은 어떤 목적으로, 누구를 위해, 어떻게 에너지를 사용할지 선택하는 것이다. 결국 이것은 시소 위에 올려진 다른 모든 것들을 다루는 당신의 능력에 영향을 줄 것이다.

모든 것이 일시에 전체적으로 평형을 이루는 일은 절대, 혹은 거의 없을 것이다. 그 이유는 간단하다. 관련된 요인이 너무 많기 때문이다. 스티븐 호킹의 《짧고 쉽게 쓴 '시간의 역사'A Brief History of Time》에서 내가 좋아하는 문장 "쉬고 있는 것은 아무것도 없다"와 비슷하다. 나는 온 세상이 나와 함께 잠들기를 기다렸고, 그 기대 때문에 수많은 밤 동안 잠을 이루지 못했다.

그러나 시소가 있다는 사실을 깨달을수록 더 의식적인 결정을 내려서 최소한의 균형과 질서를 만들 수 있다. 완벽한 질서는 아니지만, 전면적인 통제도 아니지만, 당신이 갖출 수 있는 가장 좋은 것이다.

삶에서 만들어낼 수 있는 질서의 한계를 인정하면 자유로워진다. 완벽하게 계획한 삶을 살 수는 없으며 모래성이 파도에 저항하는 셈이라는 사실을 일단 인정하면, 우리가 통제할 수 있는 것에 집중하게 된다. 비현실적인 기대를 버리면 할 일은 산더미처럼 많다.

그런 것들을 모두 해결한 뒤에는 어떤 질서를 어떻게 창조할 수 있는지에 집중해야 한다. 첫 단계는 자신과 타협하는 것이다. 당신의 비전이 더 정밀할수록 그 비전을 달성하는 데 필요한 에너지는 더 커진다는 점을 기억하라. 그러니 확실히 할 것. 만약 힘든 일을 자발적으로 한다면 노력한 가치가 있을 것이다. 당신이나 다른 사람의 기분이 좋아지지 않는다면 방을 정돈할 필요가 없다. 모든 것을 하고 싶은 것이 사람의 본능이지만, 가장 큰 차이를 만들 수 있는 것에 우선순위를 부여하고, 시간이나 에너지가 충분하지 않아 할 수 없는 일에 미련을 두지 않도록 자신을 설득하는 편이 낫다.

자신과 타협하고 나면 이제 다른 사람들과 타협할 차례다. 다른 사람과 집이나 사무실을 공유한다면 최적 온도는 몇 도인지, 가장 효율적인 공간 배치와 구성은 어떻게 해야 하는지를 두고 서로 생각이 엇갈릴 것이다. 모두의 의견을 만족시킬 수는 없지만, 모두를 이해시키고 고려할 수는 있다. 간단하게 들리지만, 여기에 에너지가 얼마나 필요할지를 평가하기 위해 한 걸음 뒤로 물러서는 일은, 그리고 이것이 열역학의 기본 원칙에 어떻게 뿌리내렸는지를 이해하는 일은 커다란 차이를 만들 수 있다. 우리는 모든 일을 즉시 해내야 한다거나 모두를 만족시키고 모든 기대를 충족해야 한다는 해로운 억측에서 자유로워질 것이다. 이런 억측은 도움이 되지 않을뿐더러 달성할 수도 없다. 과학은 이 점에 대해서는 당신의 편이다. 타협은 포기가 아니며 물리학의 조언에 따라 현실에 적응하는 것이다.

열역학적으로 선호되는 방식으로 산다는 것은 올바른 타협에 관한 문제다. 자신만의 질서 감각을 이해해야 하며 어떻게 되기를 바라는지 알아야 한다. 그런 뒤에 거기서 기꺼이 벗어나야 한다. 타인이 세계를 바라보는 관점에 공감해야 하며, 당신 자신의 욕구를 포기하지 않은 채 타협해야 한다. 또한 무질서를 수용해야 하며, 이는 무질서에 항복하는 것이 아니다.

무엇보다 당신은 완벽함이 얼마나 불리한지 깨달아야 한다. 내 말을 한번 믿어보라. 융통성 없이 구는 것은 가장 진이 빠지는 일 중 하나다. 이와 반대로, 당신이 정해진 날이나 주에 할 수 있는 것과 없는 것을 의식적으로 결정하고, 이에 관해 전혀 죄책감을 느끼지 않는 것은 가장 힘이 되는 일 중 하나다. 무질서를 수용하고 즐기는 것이 곧 살아있음의 정의다. 그렇게 할 수 있어서 다행이다. 그렇지 않으면 삶은 지루하고 침체할 것이며, 에너지 측면에서도 인간의 진화에 불리할 것이다. 무질서가 없다면 당신은 무생물처럼 살고 있을지도 모른다. 어쩌면 의자처럼 말이다(내 의자는 빼고. 이미 임자가 있으니까).

CHAPTER 4

두려움 다루는 법

빛, 굴절 그리고 두려움

오전 2시 30분, 내 방은 짙은 어둠과 싸늘한 침묵으로 가득 차있었다. 내가 얼마나 겁에 질렸는지 알아차릴 사람이 아무도 없었다. 엄마가 있었으면 좋았겠지만, 엄마는 차로 45분 거리에 있는 본가에 있었다. 나는 비스킷 질감의 주황색 베개에서 풍기는 새 샴푸 냄새에 대한 불안감을 머릿속에서 떨칠 수 없었다. 잠들 수 없었고, 집에 가고 싶었다.

불안감이 절정에 달하는 순간은 언제나 밤이었다. 내 ADHD는 불면증을 부르는데, 자폐스펙트럼장애는 깨어있는 시간을 강박관념과 공포로 채웠다. 나는 잠들기는 두렵고 깨어있기는 무서운 상태 사이에 갇히곤 했다. 가끔 엄마는 베개를 가지고 내 방에 와 내 옆에서 자야 했다. 그러면 나는 안전하다는 기분이 들어서 밤을 무사히 보낼 수 있었다.

밤의 공포는 내가 평생 겪은 공포 중 하나일 뿐이다. 갑작스럽게 들리는 큰 소음이나 엄청나게 많은 군중처럼, 지금까지도 내게 영향을 미치는 분명한 불안 촉발 인자도 있다. 그런가 하면 아직도 원인을 알아내려고 고군분투 중인 공포도 있다. 나는 매주 당근-오렌지 주스를 마시면서 주황색이 왜 그토록 혐오스러웠는지 궁금해한다. 주황색 음식, 주황색 옷, 주황색 플라스틱 의자, 이 모든 것이 한때는 유해하거나 세균 덩어리인 것 같아서 어떻게 해서든 이것들을 피했다. 이처럼 자폐스펙트럼장애는 설명할 수 없지만 반드시 휘둘릴 수밖에 없는, 본능적으로 혐오감을 일으키는 공포를 만들어낸다.

공포는 누구나 느끼며, 생물 종의 생존에 필수적인 요소로 인간에게 꼭 필요하다. 공포를 느끼지 못하면 우리는 충동이 일어날 때, 회의주의적 태도를 취하거나, 경계심을 갖거나, 견제하거나, 균형을 잡지 못할 것이다. 그러나 그 역도 진실이다. 우리가 느끼는 것이 공포뿐이라면 이는 마비로 이어져 명확하게 생각하거나 의사를 결정할 수 없게 된다. 당신의 공포는 직장에서의 까다로운 회의나 다른 사람 앞에서 자신의 감정을 인정하는 일처럼 보잘것없을 수 있다. 혹은 항상 느끼는 공포증이나 삶에서 일어나는 중대한 변화에 대한 걱정, 건강 악화나 열악한 재정 상태에서 오는 공포처럼 심각한 것일 수도 있다. 어느 쪽이든 누구나 공포를 느낀다. 당신이 인정하든 말든, 얼마나 크든 작든 상관없다. 자신의 공포를 이해하지 않으면, 공포의 근본 원인을 밝혀내고 이성적으로 문제를 조사하지 않으면, 당신을 두렵게 하는 것들을 통제하기보다 오히려 거기에 조종당하는 위험을 안게 된다. 공포는 비논리적일 때도 있으나 매우 논리적이고 합리적일 때가 더 많다. 공포에 대한 우리의 반응도 그럴 것이다.

아스퍼거증후군을 가진 사람에게는 모든 생각과 공포가 눈부신 빛처럼 달려드는 순간이 있다. 모든 것을 한꺼번에 경험하지만, 다양한 감정과 불안, 충동, 자극을 분리할 선천적인 능력은 없다. 내게 또 하나의 거대한 공포의 대상인 화재경보기가 울릴 때면 끔찍한 소음이 내 몸 전체를 관통해 떠나갈 듯 울리며 내 감각을 새빨갛게 달군다. 오직 몸으로만 두려움을 느낀다고 상상해보라. 학교에서 다른 학생들이 군인처럼 단정하게 줄지어 설 때, 나는 항상 가능한 한 멀리, 더 빠르게 소음에서 달아났다.

이럴 때는 블라인드를 내린 채 어두컴컴한 방에서, 소음을 막아주는 헤드폰을 끼고 내 책상 아래 안전한 천막 속에 앉아 지냈다. 이것이 내 생존법이었고, 지금도 그렇다. 하지만 이렇게 사는 건 사는 게 아니다. 공포를 피해 숨는 동시에 공포를 처리하도록 도와줄 무언가가 필요했다. 내게는 선천적으로 무의식 필터가 없으므로 공포에 대처하고 공포가 느껴질 때 작동할 나만의 필터를 만들어야 했다.

어느 날 광자(빛을 구성하는 양자입자)를 연구하다가 나는 광선이 굴절하면서 다양한 색과 진동수로 나뉘듯이, 눈이 멀 듯한 빛처럼 느껴지는 공포감도 분리된다는 사실을 깨달았다. 공포가 단일체가 아니고 때로는 생각만큼 압도적이지 않았으며, 빛과 똑같은 방식으로 다룰 수 있었다. 이렇게 올바른 필터를 갖추면 공포를 분해해서 이해하고 합리화할 수 있다. 공포를 새로운 빛에 비춰보는 것이다. 그러니 #nofilter 해시태그는 인스타그램에서나 사용할 것. 실제 삶에서는 가질 수 있는 모든 필터가 필요하다.

공포를 빛 스펙트럼으로 보기

빛과 그림자는 항상 나를 매혹했다. 집에는 내가 좋아하는 나무가 한 그루 있었는데 이 나무 그늘에 서있으면 안전하다고 느끼곤 했다. 감각에 과부하가 걸리는 상황을 막기 위해 내게는 항상 빛의 강도가 약한 장소가 필요했다.

하지만 나는 빛을 사랑했고 빛의 특성에 도취했다. 엄마는 침실 창턱에 크리스털로 만든 조개 장식을 올려놓았는데, 이 장식에 굴절된 태양 빛이 자연 그대로의 보물인 색의 스펙트럼을 방 안 가득히 뿌리곤 했다. 제일 위에 찌르는 듯한 빨간색이, 제일 아래에 고요한 보라색이 나타나는 그 순간에는 모든 것이 살아났다. 매일 아침 7시 30분에 나는 그 광경을 보러 뛰어갔고, 구름이 내게서 이 장관을 빼앗아 가는 겨울의 여러 달을 두려워했다.

온갖 두려움과 불안으로 가득 차게 될 하루 중에서 드물게 평화롭고 경이로운 순간이었다. 잘못 조리한 스파게티처럼 엉킨 생각과 감정을 머릿속에서 풀어내려면 나만의 프리즘이 필요하다는 것을 나는 본능적으로 깨달았다. 나는 공포를 분리해야 했고, 공포 속에 숨은 모든 것을 이해해야 했으며, 그러지 않았다면 압도당했을 감각의 매듭을 풀어내야 했다.

당연히 안전한 내 책상 밑이 가장 알맞은 장소였다. 나는 하루 중에서 가장 강렬한 부분을 회상하는 데서 시작했다. 각각의 시나리오를 가장 강력한 감정과 연관 지었다. 가장 강렬하게 느낀 감정은 무엇이고, 그것은 상황에 어떤 영향을 미쳤는가? 감정의 지도를 따라가면서 나는 크리스털 조개 장식을 통해 굴절되는 빛을 바라보던 아침의 그 순간으로 계속 되돌아갔다. 내 불안 충동은 태양의 백색광처럼 아주 강렬해서 직접 바라볼 수 없으며, 그저 외면하거나 달아날 수밖에 없다. 불안 충동 안에 들어있는 모든 감정 중에서도 어떤 것은 다른 감정보다 더 강하고 즉각적이다. 모든 감정은 상호작용하면서 함께 뒤엉켜 공포를 만들어낸다.

굴절은 공감각으로 일어나는 공포를 이해하고 분류하는 완벽한 렌즈였다. 공감각은 서로 연결되지 않는 감각들이 연결되는 상태로, 어떤 사람은 소리를 보거나 냄새를 맛볼 수 있다. 나는 색을 보면 항상 색의 촉감도 느낄 수 있었는데, 색마다 각자 특징도 달랐다. 이렇게 공포를 빛 스펙트럼으로 보기 시작하자, 나는 공포를 더 잘 구별할 뿐만 아니라 더 명확하게 볼 수 있었다.

반드시 공감각의 혜택을 누릴 필요는 없다. 우리는 심각한 타격이 되는 공포가 과다해질 때 고통받지 않을 수 있다. 누구나 마음속에 두려움을 품고 있으며, 자신이 통제하려 애쓰는 그 방식으로 두려움이 우리를 사로잡는 순간을 마주한다. 이런 순간에 진정하라고, 혹은 숨을 깊이 들이쉬라고 말해준 사람이 있었는가? 자, 바로 그것이 굴절이 하는 일이다. 한 물질에서 다른 물질을 통과할 때 빛의 속도는 변화한다. 빛은 공기보다 유리나 물에서 속도가 느려진다(유리와 물은 대기보다 굴절률이 높다). 빛의 파동 또한 마찬가지다. 엄마의 크리스털 같은 전통적인 프리즘에서 빛은 빨강, 주황,

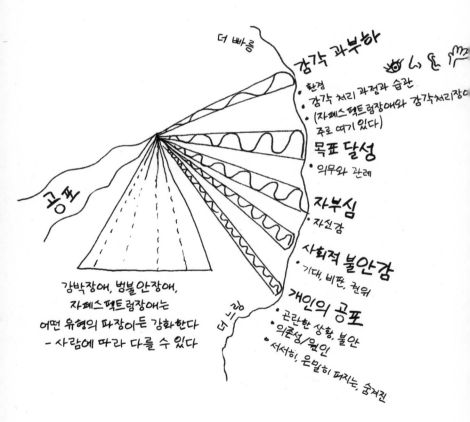

노랑, 초록, 파랑, 남색, 보라색의 일곱 개의 가시광선으로 분산된다(여기에 더해 보이지 않는 광선인 적외선과 자외선도 있다).

다시 말해 빛의 파동의 속도를 늦추면 우리는 평소와 달리 빛의 광휘와 수많은 색을 볼 수 있다. 프리즘 효과는 우리에게 새로운 관점을 보여준다. 눈이 멀 듯한 하나의 빛이 선명한 스펙트럼으로 바뀌는 순간은 정말이지 경이롭다. 공포를 적절하게 이해하려면 우리도 똑같이 해야 한다. 새로운 렌즈를 통해 공포를 다르게 보고, 거기에 맞춰 대응법을 바꿔야 한다. 즉 나를 두렵게 하는 것들과 파장을 맞춰야 한다.

무지갯빛 두려움을 이해하기

굴절이 일어나는 이유는 빛이 직선이 아니라 언제나 에너지 차이에 따라 진동하며 파도 모양으로 물결치는 파동 형태로 이동하기 때문이다. 파동은 공간을 통해 빛을 전달하며, 이는 음파, 라디오파, X-선, 마이크로파도 마찬가지다. 이런 파동들은 항상 주변에 있지만 이 중에서 실제로 우리 눈에 보이는 것은 빛 파동뿐이다.

낚싯배에서 듣는 장파장(바다에서 잡을 수 있는 유일한 파장) 라디오든, 즉석식품을 데우는 전자레인지든, 모든 파동은 고유의 진동수를 갖고 있다. 진동수가 높은 파동은 진폭이 크고 파동 간의 거리가 가까워서 삐죽삐죽한 토블론 초코바와 비슷하게 생겼다. 진동수가 낮은 파동은 파동 간의 거리가 멀어서 느슨하게 구불거리는 뱀과 비슷하다. 진동수가 높을수록 에너지는 크고 프리즘에서 움직이는 거리는 더 짧다. 프리즘 속 원자와 상호작용하면서 빛의 에너지가 소멸하기 때문이다. 빛의 진동수가 높을수록 공기보다 밀도가 더 높은 매질(예를 들어 유리나 물)과 접촉하면 더 크게 휘어진다. 파동이 이동하는 속도는 우리가 주변에서 보고 듣는 모든 것에 영향을 미친다. 폭풍우가 몰아칠 때면 천둥이 우르릉거리는 소리를 듣기 전에 번쩍이는 번개를 먼저 볼 수 있다. 빛은 소리보다 더 빠르게 이동하기 때문이다(방해물 없이 움직이면 대기에서는 약 100만 배 더 빠르다. 반면 소리는 주변 원소들과 상호작용한다). 하지만 실제로는 빛과 소리가 동시에 발생한다.

빛이 프리즘을 통해 굴절하면, 공기보다 유리의 굴절률이 더 높으므로 파동의 속도가 늦춰져 하나의 빛이 가시스펙트럼(눈으로 볼 수 있는 파동)으로 나누어지면서 여러 색으로 나타난다. 굴절률은 물질에 대한 빛의 속도를 단순하게 수량화한 것이다. 광학 밀도를 측정하면 밀도가 더 높은 물체를 통과할 때 빛이 더 천천히 이동한다는 것을 알 수 있다(따라서 공기보다 밀도가 높은 물, 물보다 더 높은 유리를 통과할 때, 빛의 속도는 점점 느려진다).

빛이 이렇게 프리즘을 통과하면 이전에는 보이지 않던 것이 보인다. 백색광 속에는 다양한 색이 들어있고 각각은 고유의 파장을 가졌다. 빨간색은 파장이 가장 길고 따라서 가장 멀리 갈 수 있으며 프리즘에서 최소한으로 굴절한다. 보라색은 파장이 가장 짧고 굴절률도 가장 높다. 이렇게 다양한 파장의 길이가 무지개의 맨 위쪽에는 항상 빨간색이, 가장 아래쪽에는 항상 보라색이 나타나는 이유를 설명해준다.

두려움을 빛에 비유할 때 파장은 두 가지 이유에서 중요하다. 첫째, 눈부신 백색광에 비유되는 공포의 최초 감각은 단일체가 아니라 실제로는 수많은 다양한 감정과 계기, 뿌리 깊은 원인을 포함한다. 둘째, 이 안에 든 것은 모두 다르다. 백색광 속의 다양한 색처럼, 공포와 불안 역시 각자 고유의 파장과 다양한 강도를 가지고 있다. 어떤 것은 짧은 순간 강렬하게 타오를 것이고(내게는 거리에서 큰 소음을 듣는 일과 비슷하다), 다른 것들은 강도는 조금 낮을지라도 머릿속에 울리는 북소리처럼 더 길게 지속될 것이다(사람들의 눈을 마주봐야 할 때 내가 느끼는 공포와 비슷하다). 가장 강력하고 뚜렷한 감정은 진동수가 높은 보라색과 같아서 강렬하고 일관성이 없다. 반면, 지속되는 감정은 느긋하고 진동수가 낮으며 오래 가는 빨간색과 더 비슷하다. 바다가 그러듯 때로 다양한 파동이 겹치면서 공포의 쓰나미를 만들기도 하지만, 당신을 덮치는 쓰나미를 막을 힘은 없다.

이것이 내가 탈선하도록 위협하는 공포를 다룰 수 있는 가장 거대한 돌파구였다. 불안은 우리 머릿속에 든 고체 상태의 단일체가 아니며, 수많은 다양한 구성 요소를 포함하는 유동적인 독립체다. 굴절률 개념은 이들을 구별하도록 도와주고, 우리를 겁먹게 하는 다양한 문제의 매듭을 풀어내며, 촉발 요인의 진동수가 높은지 낮은지 구분해서 결국 이들을 다루는 방법을 찾아낸다.

나는 공포가 나를 덮쳐오는 것을 느낄 때, 상황을 파악하고 완전한 멜트다운을 피하려고 프리즘 효과를 이용했다. 누군가가 나를 스치고 지나가거나, 큰 소리로 외치거나, 높은 톤으로 낄낄거리는 것처럼, 현재 내 주변에서 일어나는 감각적 촉발 요인, 즉 진동수가 높은 파동인가? 아니면 미래 혹은 질병에 대한 공포나 내게 건선을 가져다줄 가려운 점퍼처럼 나를 지배하는 낮은 진동수의 지속적인 생각인가?

나를 자극할 만큼 충분하지 않아서 그저 메스꺼움을 느끼는 ADHD에서 오는 공포인가? 아니면 선택지가 너무 많아서 오히려 머리가 텅 비어버려 나의 동굴로 후퇴해야 하는 자폐스펙트럼장애에서 오는 공포인가? ADHD에서 오는 공포는 점점 더 빨라지는 놀이공원의 놀이 기구를 탄 것처럼 바깥쪽을 향해 빙글빙글 도는 기분이 든다. 반면 자폐스펙트럼장애가 촉발하는 공포는 세상에서 떨어져 나와 나 자신 속으로 후퇴하듯이 안쪽으로 소용돌이치는 기분이다. 공포가 어디에서 오는지, 그리고 이유가 무엇인지 이해하지 못하면 멜트다운으로 끌어가는 중력을 막기 위해 내가 할 수 있는 일은 없다.

공포를 '정복하는' 방법 따위는 없지만, 단지 공포를 더 잘 관리하기 위해 당신이 다루는 대상을 이해하기만 하는 것은 거의 도움이 되지 않는다. 우리에게는 프리즘이 필요하다. 사실 우리는 프리즘 자체가 되어야 한다.

스스로 프리즘이 된다는 것

공포를 대할 때 그것을 축소하려 하는 것은 인간의 자연스러운 욕구다. 사람들은 공포를 가능한 한 가장 작은 상자에 압축해서 우리의 마음에서 가장 먼 후미진 구석에 넣고 잠가버릴 수 있다면, 공포의 영향에서 벗어나 자유롭게 살 수 있으리라고 생각한다. 그러나 공포를 이런 식으로 통제할 수 있기를 바라는 것은 어느 날 태양이 떠오르지 않으리라고 가정하는 것과 같다. 만약 어떤 것이 우리에게 불안을 일으킨다면 왜 불안감이 드는지, 이를 막기 위해 무엇을 할 수 있는지를 이해할 때까지, 그것은 계속 불안감을 촉발할 것이다. 부정은 최초의 본능적인 의지이긴 하지만 선택 사항은 아니다.

나는 내가 즐기던 것들, 그러니까 갯벌 달리기와 극한 스포츠, 값비싼 잼을 정가로 사기(할인 제품만 사는 전 남자친구의 반대를 무릅쓰고), 심지어 성배나 다름없는 사랑까지 포기하면서 부정이라는 방법을 시도했었다. 이 모든 것은 내가 원하지만 동시에 나를 두렵게 하는 것들이었다. 그러나 부정은 공포보다 더 나쁘다. 그것은 당신을 함정에 빠뜨리는 일종의 정신적인 변비와 같아서 결국에는 지나치게 안전하게 머무르는 자신을 미워하게 된다. 이런 식으로 불분명한 상태를 유지하는 것은 영원히 숨을 쉬지 않고 참는 것처럼 지속하기 어렵다. 결국 당신의 영혼은 질식할 것이다. 아무것도 느끼지 않을 바에는 두려움을 느끼는 위험을 감수하는 편이 낫다. 빛이 통과해서 빛날 수 있도록 자신을 지극히 투명하게 만들어라.

불안 촉발의 계기를 끊는 시도가 실패했으므로 나는 나 자신을 불안감 앞에서 투명하게 만들어야 한다는 것을 깨달았다. 즉, 내가 프리즘이 되어야 한다는 뜻이다. 불안을 밀어내는 것이 아니라 나를 열어젖혀서 통과해 나간 불안을 각각의 구성 요소로 분해하고 상세하게 연구하여 불안의 본질을 이해해서 결국 불안에 대처할 수 있어야 한다.

공포는 우리 마음속에 존재하며 실체가 없으므로, 우리의 프리즘도 정신적이어야 한다. 불안이라는 백색광이 이성적으로 생각할 능력을 흐리게 내버려 두지 말고, 공포를 가상의 굴절 프리즘을 통해 걸러내도록 마음을 훈련하는 것이다. 이 방법은 쉽게, 혹은 빨리 배울 수 없다. 이전의 경험을 검토해서 무엇 때문에 두려웠는지 되돌아보고 규명하는 데서 시작하는 편이 좋다. 대개 불안을 일으키는 요인은 여러 개가 있을 테니 각 요인을 차례로 규명하고, 이런 요인이 어떻게 상호작용하는지도 생각해보라. 공포를 일으키는 원인을 덩어리로 뒤섞인 혼합물 속에서 분리해야 한다. 어떤 감정이 가장 생생하게 마음을 점령했는지 기억해보라. 진동수가 높은 촉진 요인부터 진동수가 낮은 불안에 걸친 모든 감정의 스펙트럼을 얻을 때까지 다양한 가닥들을 뽑아 당겨라. 그러면 자신의 공포 지도를 만들 수 있고, 공포를 형태가 없는 두려운 감정에서 당신이 이해하고 설명하며 앞으로 더 원활하게 탐색할 수 있는 대상으로 바꿀 수 있다.

시간이 지나면 이 작업에 더 익숙해질 것이다. 아마 당신은 공포가 일어날 때마다 정신 프리즘을 이용해 실시간으로 공포를 굴절시키면서 공포를 헤쳐나올 길을 찾을 것이다. 누구나 할 수 있는 방법은 아니지만, 내가 해본 바로는 하면 할수록 매일 아침 현관문을 나서는 것부터 아침에 출근하고 업무와 사회적 상황을 처리하는 것까지, 일상에서 불쑥 나타나는 공포와 불안에 더 잘 대처할 수 있었다. 나는 더는 흡수할 수 없을 때까지 공포를 빨아들이는 스펀지가 되기보다는 고강도 광선이 통과하면서 굴절되는 프리즘이 되려 노력했다.

나는 특정 사건이나 공포에 관련된 모든 경험을 한곳에 모아 나 자신을 가장 밀도 높은 프리즘으로 만드는 방법을 궁리한다. 이는 내 처리 능력과 정신적 밀도를 높여서 빛이 유리를 통과할 때처럼 공포가 움직이는 속도를 늦춰 상황에 압도될 확률을 최소화한다. 그러면 나는 통제권을 되찾으며, 새로운 색의 가닥과 새롭게 나타난 세부 사항을 연구할 수 있다. 불안에 얽혀있으면, 그리고 내 머리가 어둠 속 디스코볼처럼 돌아가기 시작하면 어렵지만, 더 밀도 높은 프리즘이 되어야만 공포가 덮쳐오는 속도를 늦출 수 있으며, 빛이 내 프리즘을 통과하도록 대처할 수 있다.

예를 들어 누군가가 내게 자기 눈을 보라고 하면 나는 곧바로 단파장의 백색광 공포가 폭발하는 것을 느낄 것이다. 내 자폐스펙트럼장애 자아의 핵을 두드리는 이 뿌리 깊고 본능적인 공포에 압도당하지 않으려면 나는 빠르게 움직여야 한다. 프리즘이 된 나는 백색광에 든 파동을 몇 가지로 분리할 수 있다. 가장 긴 빨간색 파동은 사람과의 접촉에서 오는 근본적인 공포를, 더 즉각적인 보라색 파동은 타인의 눈이 내 사회적 가면을 뚫고 들어와 숙련된 내 겉모습을 간파하고 불안의 핵심을 파헤칠 것 같다는 공포를 나타낸다. 이렇게 파동을 구분하면 나는 다음과 같이 합리화하기 시작한다. '그래, 나는 이런 식으로 사람들과 접촉하는 건 즐기지 않아. 하지만 이 접촉이 나를 해치지 않는다는 걸 경험으로 알고 있어.' 혹은 '아니야, 이 사람은 내게서 뭔가를 알아내려고 자기 눈을 보라고 한 건 아닐 거야. 그저 대화를 나누려는 것뿐이지. 사람들은 그저 나를 보기만 해서는 내가 관찰을 통해 그들에 대해 얼마나 배웠는지 알아낼 수 없어.' 등등. 최초의 공포를 여러 가닥으로 분리해야만 이런 논리를 세울 수 있다. 백색광 상태의 공포를 날것 그대로 합리화하려는 노력은 실현할 수 없고, 실용적이지도 않다. 우선, 공포는 프리즘을 통과해야 한다.

이런 식으로 밀도를 쌓는 일은 생각을 모을 좋은 기회이기도 하다. 공황이나 불안의 순간이 아니라 지난 경험에서 축적한 데이터 패턴에 근거해서 결정할 수 있다. 이렇게 하면 공포에 대처하는 반응뿐 아니라 의사 결정 과정 전반을 개선할 수 있다. 헬스클럽에서 인기 있는 고강도 인터벌 운동과 비슷한 마음의 고강도 운동이다.

그렇다면 이런 목적을 달성하기 위해 마음의 프리즘을 개발하고 연마할 방법은 무엇일까? 바로 프리즘처럼 행동하고, 더 투명해지는 방법을 배우는 데서 시작한다. 우리를 두렵게 하는 것들을 약점처럼 부끄럽게 생각하는 대신, 솔직하게 공개해야 한다. 가족과 친구에게 우리의 가장 뿌리 깊은 공포를 주저 없이 말하고, 공포를 드러내는 것을 창피하게 여기지 말아야 한다. 사적인 친구든 직장 동료든 마찬가지다. 프리즘과 같은 사고방식을 개발하려면 우리를 두렵게 하는 것들에 대해 투명해져야 한다. 그래야만 공포를 억누르려는 충동에서 벗어나 새로운 렌즈를 통해 공포를 바라볼 준비를 할 수 있다. 이 방식은 양방향 과정이라는 점에 주목해야 하는데, 당신이 마음을 열기 위해서는 안전하다고 느껴야 하기 때문이다. 강하고 남성적인 무관심의 가면을 써야 하는 직장처럼 억압된 환경에서 일한다면 이 일이 어려울 수도 있다. 이런 환경은 말하자면 굴절률이 지극히 낮다고 할 수 있겠다.

투명해지는 방법은 사람마다 다르다. 빛이 물질을 통과하는 속도인 굴절률이 다양한 물질마다 모두 다르듯이, 우리도 각자 편안한 수준을 찾아야 한다. 자신을 투명하게 만드는 일이 다른 사람보다 쉽게 느껴지는 사람도 있을 것이다. 나는 항상 펼쳐진 책 같은 존재였으며, 내가 어떻게 느끼는지를 정확하게 표현하고 말했다. 이 투명성은 양방향으로 움직인다. 현실주의 필터가 없는 나는 런던 지하철에 붙은 "당신에게도 일어날 수 있습니다"라는 공익광고를 보고 내가 곧 치명적인 질병에 걸리거나 소리 없이 즉사하리라는 뜻이라고 생각할지도 모른다. 마음이 지나치게 열린 나머지, 매일 자신에게 불안을 과부하하는 상황을 생각해 본 적이 있는가?

그렇다면 환영한다. 너무나 투명해서 문자 그대로 자신을 두렵게 하는 삶은 고달프게 마련이다.

반면, 당신이 자기감정에 매달리는 성향이고, 아이러니하게도 타인의 비판에 대한 두려움 때문에 공포를 나누지 않는 사람일 수도 있다. 그러나 공포를 통제하려면 투명성, 정직성을 피할 수는 없다. 프리즘처럼 생각하고 행동하는 법을 배우지 않으면 당신은 불안이라는 광선을, 아름답고 이해할 수 있으며 다루기 쉬운 파장으로 바꾸는 프리즘의 경이로운 능력을 흉내 내려 고군분투하게 될 것이다. 더 열린 마음을 갖는 것은 두려움을 다루는 첫 번째 단계이며 살아있음을 다시 느끼는 길이다. 만약 이것이 두렵다면? 환상적이다. 당신은 어디에서 시작해야 할지 정확하게 알고 있다.

두려움을 영감으로 바꾸다

평생 두려움과 불안에 맞서 싸우면서 나는 결국 중요한 깨달음을 얻었다. 불안은 내게 가장 큰 골칫거리가 아니라 실제로는 가장 중요한 강점이었다. 불안은 나올 수 있는 결과들을 내 머릿속에서 검토해서 결론에 더 빨리 도달하게 촉진한다(처리해야 할 데이터가 너무 많아서 어쩔 수 없이 이렇게 된다). 이 장에서 설명한 방법은 내가 불안감의 습격이라는 하강 나선을 어떻게 불안감의 출현 가능성으로 바꾸었는지에 관한 중요한 부분으로, 나는 사고 처리 능력과 내 경험 및 생각의 다양한 가닥을 조합하는 능력을 극대화했다.

나는 이런 기술을 이용해서 공포에 압도되지 않고 움직일 수 있었지만 이게 전부는 아니다. 공포라는 백색광을 들여다보는 것과 관련된 영감을 주는 무언가도 찾았다. 인류가 거대한 위험의 근원이자 인간 진화의 원동력인 불에 언제나 매혹된 것과 같은 충동이며, 아마 위험하다는 말을 들었어도 어린이들이 태양을 직접 보려드는 이유이기도 하다.

정신적 '굴절'은 대응 기제이자 촉매이기도 하다. 눈을 멀게 하는 공포라는 빛을 경이로운 무지개색으로 분산한다. 같은 원리로, 우리를 두렵게 하는 것들 속에도 우리에게 영감을 주는 발상과 자극이 들어있다. 우리가 다룰 수 있는 방식으로 분리해보면 두려움은 우리 자신과 세상을 다른 시선으로 볼 수 있게 도와주는 풍부한 발상으로 가득 차있다. 우리를 시험하고 두렵게 하는 것과 맞서는 일은 우리를 살아있다고 느끼게 하는 것과 더 가까워지는 길이기도 하며 다음에는 무엇을 시도할지 알려주기도 한다.

두려움을 부인하는 방식은 무서움을 덜어내는 방법으로는 형편없을 뿐만 아니라 많은 것을 놓치게 하기도 한다. 사람들의 눈을 마주 보는 공포에 맞서지 않았다면 나는 가장 소중하게 여기는 인간관계를 대부분 잃었을 것이다. 특히나 인간관계를 맺기가 어렵다는 사실을 나는 알고 있다. 나는 타인의 시선을 마주하는 과정을 좋아하지 않지만, 그 최종 결과가 종종 그럴 만한 가치가 있다는 사실을 안다.

두려움을 극복하는 과정에서 새로운, 혹은 예상하지 못했던 것들을 통해 창의적으로 바뀌거나, 영감을 얻거나, 경이로움을 느낄 능력이 억눌리기도 한다. 당신은 한 개인으로서 배우고, 개선하고, 진화하는 일을 멈추게 된다. 두려움은 우리의 일부이며 두려움을 차단하려 할수록 우리 자신의 일부 역시 차단하게 된다. 두려움에 더 잘 대응할수록 나는 두려움이 얼마나 중요한지, 그리고 두려움이 없다면 얼마나 애석할지 더 확실하게 알 수 있었다.

두려움은 흥미로운 대상이다. 어쩌면 이 책을 읽으며 당신은 내 삶의 모든 곳에 두려움이 포진하고 있다는 인상을 받았을지도 모르지만(그리고 이건 어느 정도 사실이다), 다른 의미로 나는 대체로 겁이 없다. 예를 들어, 사람들에게 내 생각을 말하는 것은 전혀 어렵지 않으며 그 대상이 모두가 두려워하는 권위자라고 해도 마찬가지다. 같은 종을 두려워하는 것은 내게는 앞뒤가 맞지 않는 일이므로, 인간의 판단은 내게 아무 영향이 없다.

열 살 때 나는 학교에서 부모님께 편지를 쓰다가 교장 선생님에게 압수당했다. 내가 다음과 같이 말했을 때 어떤 반응이 나왔을지 상상해보라. "내 편지 읽지 말고 선생님 일이나 신경 쓰세요. 그 편지는 선생님이 아니라 부모님께 쓴 거예요. 선생님 편지가 아니니까 열어보면 안 되는 거잖아요." 그 일로 몇 시간이나 이어지는 질책을 들어야 했지만 나는 교장 선생님이 무섭지 않았다. 교장 선생님의 짝짝이 귀나 내 말을 듣자마자 교장실로 가라고 가리키던 굳은살 박인 손가락도 두렵지 않았다. 나는 내가 정당하다고 믿었고,

교장 선생님이 그저 권위자라고 해서 무섭지도 않았다. 권위자를 경계하게 하는 다른 사람들의 필터가 내 머릿속에는 없었고, 나는 이 필터를 사건과 행동을 통해 오랜 시간에 걸쳐 습득해야만 했다.

두려움에 대해 말하자면, 우리는 모두 각자 자신만의 불안을 안고 있다. 아마 나는 다른 사람들이 두려워하는 것은 대체로 무서워하지 않겠지만, 그들이 인식조차 못 하는 것, 다른 사람이 보기에 종종 '어리석거나' '쓸데없는' 것에 겁먹을 수도 있다(이것은 항상 상황을 악화한다). 보편적인 필터가 없기에 일상적인 것에는 과도하게 노출되는 반면 경험을 통해 주의 깊게 익혀야 할 많은 사회 관습과 규범은 인식하지 못한다. 나는 자폐스펙트럼장애 덕분에 격한 감정에 압도당하는 동시에 ADHD 때문에 딱딱한 예의에 지루해할 수 있다. 헬스클럽에서 운동 수업 루틴이 바뀌면 완전히 나가떨어질 수도 있지만, 가족이나 친구가 암에 걸렸다는 소식에는 아주 침착할 수도 있다(이 점 때문에 나는 운동 친구로는 최악이지만 뛰어난 경청자이자 치료사이다). 실제로 #nofilter로 살아가야 한다면 혼란스러울 수 있지만 이는 신경다양성의 진정한 강점이기도 하다. 또한 신경다양성이 부여하는 현저히 다른 기술은 우리 사회에 많은 것을 제공한다.

당신이 필터가 거의 없든 여러 개를 가졌든 간에, 내가 우리 모두에게 필요하다고 믿는 필터가 하나 있다. 바로 두려움에 대한 프리즘의 관점이다. 두려움을 우리를 압도하는 무언가에서 우리가 통제하고 온전히 수용할 힘으로 바꾸려면 프리즘의 분산 효과가 필요하다. 두려움을 단순히 우리의 삶에서 몰아내기보다는 통제할 방법을 생각해야 한다. 우리에게는 두려움이 필요하며, 두려움은 영감을 얻고 스스로 동기를 부여하는 방법의 일부가 될 수 있다. 겁에 질렸을 때, 우리는 삶에서 가치 있는 것이 무엇인지 되새기고, 우리가 사랑하는 사람과 대상을 보호하려는 인간의 본능을 떠올린다.

정신 상자 속에 두려움을 가두고 숨기려 한다면 우리는 모든 장점을 잃은 채 그에 합당한 대가를 치러야 할 것이다. 반대로 두려움을 수용하고 정신 프리즘에 통과시키면 조수 간만으로 얻는 전기를 활용하는 것처럼 두려움도 우리가 다룰 수 있는 자산으로 바꿀 수 있다.

두려움을 느끼지 않는 때란 내 생에서 절대 단 하루도 없으리라는 사실을 알고 있다. 그러나 두려움 덕분에 내가 살아있다고 느낀다는 사실도 안다. 두려움은 '빛을 비추어야 할' 대상이 아니다. 그 자체가 빛이며, 우리에게 함께 사는 더 나은 방법을 알려주고 심지어 혜택을 주기도 한다. 이것이 내가 자폐스펙트럼장애가 심어준 공포를, 해결해야 할 문제가 아니라 이용할 수 있는 눈먼 특권으로 보는 이유다.

CHAPTER 5

조화를 이루는 법

파동설, 조화운동과 자신만의 공진주파수 찾기

세상 모든 부모에게 '길고 우중충한 오후'와 '지루해하는 자녀'의 조합은 가장 벅찬 과제 중 하나일 것이다. 자녀가 심심해하는 ADHD 아동이라면 이 과제는 두 배로 버거워진다. 우리 아빠는 훌륭한 보호자였고, 내가 할 일들을 항상 막힘없이 찾아낼 때 가장 멋졌다.

아빠는 실험할 만한 무언가를 내게 주는 것이 내가 지루해하지 않는 최고의 방법이라는 것을 알고 있었다. 집 근처에 있는 강에서 이런 실험 중 하나를 정기적으로 하곤 했는데, 그건 바로 단순하면서도 언제나 내 마음을 사로잡는 물수제비뜨기였다. 나를 매료한 이 실험은 주말과 여름방학 오후가 짜증스러운 시간으로 변하는 것을 막아주었다.

이 책을 읽는 당신도 한 번쯤 해봤으리라고 장담할 수 있다. 아마 나처럼 수없이 시도해도 돌은 수면에 부딪히자마자 가라앉았을 테고, 조약돌이 명랑하게 물 위를 가로질러 튀어 오르며 흩뿌리는 잔물결의 흔적을 보는 완벽한 만족감을 얻지 못했을 것이다. 아빠는 우리에게 조약돌의 움직임이 강을 살아있게 한다고 말하곤 했다. 아무것도 하지 않으면 아무 일도 일어나지 않는다고.

강박적이고 과학적인 성향 덕분에 나는 물수제비뜨기에 완벽하게 들어맞는 조약돌을 찾는 데 많은 시간을 들였다. 조약돌 표면이 납작해야 수면 위로 마법 같은 파문을 만들어내는 능력을 극대화할 수 있었다. 하지만 수많은 시도에도 나는 형편없는 물보라만 일으키기 일쑤였고, 극히 드문 경우에만 완벽하게 성공했다. 마치 그러기 위해 태어났다는 듯, 조약돌이 수면 위를 차고 올라 굽이쳐 흐르는 강물 위에 반짝이는 빛을 흩뿌렸다. 물수제비뜨기에 성공할 때는 수면과 수면을 스치는 조약돌이 완벽한 조화를 이루었을 때, 조약돌이 앞으로 튀어 오르면서 계속 나아갈 수 있도록 겨루는 힘들이 발휘되는 순간이었다. 행동한다는 것의 아름다움과 중요성, 종종 미미한 차이에서 긍정적이거나 부정적인 영향이 생긴다는 어린 시절의 가르침이었다.

우리 삶의 고요한 표면에도 새로운 사람과 환경이 끊임없이 조약돌을 던진다. 어떤 조약돌은 고통스럽게 가라앉지만, 이따금 알아채기도 전에 무엇인가가 우리를 정확한 각도로 맞춘다. 아마추어 물수제비 선수조차도 가끔은 물수제비뜨기에 성공하듯이. 삶을 더 낫게 바꿔주는 사람을 만나고, 다른 시선으로 세상을 바라보는 발상을 떠올리거나, 우리의 관점을 바꾸는 무엇인가를 읽는다. 새로운 조약돌이 수면과 충돌하는 순간 튀어 올라 의식에 파문을 일으킨다.

나는 이런 순간이 우연이 아니라고, 혹은 적어도 우연일 필요가 없다고 믿는다. 조약돌이 강물 위를 튀어 오르게 하는 기술이 있듯이, 동시성을 위한 과학도 있다. 조약돌이 수면 위를 스치며 만들어내는 잔물결과 같은 파동은 운동, 동역학, 역학 지식의 근본이다. 물리학의 가장 중요한 개념 일부는 파동이 어떻게 움직이고 진동하고 상호작용하는지 연구한 결과에서 나왔다.

파동의 관점에서 인간은 빛, 소리, 조류와 거의 차이가 없다. 인간의 성격, 관계, 감정은 파동처럼 진동한다. 위아래로 파도치고, 위상이 평행하거나 반대인 파동을 만나면서 변화한다. 진동, 조화운동, 파동이론을 뒷받침하는 역학은 인간 기질의 우여곡절을 이해하는 데 도움이 된다. 또 역학은 타인과 내적인 조화를 이루는 방법, 부조화를 피하고 우리의 삶을 규정하는 사람, 장소, 상황과 조화를 이루는 방법도 가르쳐준다.

나의 진폭을 파악하기

오래전일지도 모르지만, 장담하건대 당신은 공원에 가면 곧바로 그네로 뛰어가던 어린 시절을 기억할 것이다. 어쩌면 매번 그네를 더 높이 밀어달라고 조르는 어린 자녀를 키우고 있을지도 모른다. 꼭대기까지 솟아올랐다가 제자리로 돌아오는 궤적을 반복해서 그리는 그네의 율동적인 움직임에는 잊을 수 없는 무엇인가가 있다. 즐겁고, 자유로우며, 무엇보다 믿음직하다. 한쪽에는 구심력(물체가 곡선을 따라 운동하게 하는 힘, 원의 중심점으로 작용하는 힘)이 있어서 멀리 날아가지 않고, 밑에는 당신을 '잡아줄' 부모님이나 형제자매라는 든든한 존재가 있다.

그네는 대단치 않아 보이지만 그저 어린 시절에 좋아하던 놀이 기구, 틀에 금속 체인으로 고정된 플라스틱 의자만은 아니다. 그네는 고정된 두 지점 사이에서 반복적인 패턴의 움직임을 보여주는 진동자oscillator인 동시에 단순조화운동simple harmonic motion의 예시이기도 하다. 즉, 당신을 다시 아래로 데려오는 힘은 처음의 평형 상태에서 당신을 '이탈시킨'(밀어 올린) 힘과 같다. 진동자의 다른 예시로는 용수철과 괘종시계의 추를 들 수 있다. 진동자는 물리학에서 중요한 실험 도구로, 당신이 놀이터 그네에서 발견한 것보다 훨씬 더 복잡한 체계의 모델을 구축하는 데 이용된다. 진동자는 인간의 성격과 관계를 새로운 관점에서 바라보게 하는 파동이론과 기계물리학의 원리를 설명하는 데도 도움이 된다.

인간처럼 진동자도 예측할 수 있기도 하고 없기도 하다. 진동자가 움직이는 경로를 예측할 수는 있지만, 이 경로는 진동자에 가해지는 외부의 힘이 있으면 쉽게 변한다. 예를 들어 그네를 탈 때, 발을 땅에 끌어서 마찰을 일으키거나, 몸을 앞으로 내밀면서 가장 중요한 리듬을 바꿔 회전속도를 높일 수 있다. 또한 인간의 성격이 무던하거나 극단적일 수 있듯이, 진동자도 진폭(궤적에서 마루와 골

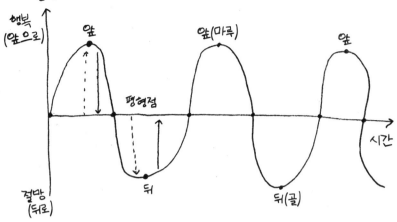

감정 에너지 파동(그네의 위치 변화)

행복
(앞으로)

앞

앞(마루)

앞

평형점

시간

뒤

뒤(골)

절망
(뒤로)

——→ 중력/공기 저항 때문에 평형점으로 되돌아오는 통제력(구심력)

- - - -→ 그네가 평형점을 지나칠 때 정신의 에너지 ●(원심력)

의 차이)이 크거나 작을 수 있다.

그네가 우리에게 알려주는 것을 이해하려면, 진동을 파동 패턴으로 그려봐야 한다. 위 그림에서 가로축은 평형점으로, 그네에 가만히 앉아 누군가가 밀어주기를 기다리는 시작점이다. 파동의 가장 높은 점 혹은 가장 낮은 점에서 평형점까지를 진폭이라고 하고, 이는 본질적으로 진동하는 궤적의 '크기'를 가리킨다. 바닷가에서 보는 파도든 헤드폰에서 흘러나오는 음악이든 모든 파동에는 진폭이 있으며, 진폭은 보이는 파동의 크기나 들리는 파동의 잡음 정도에 반영된다. 진폭의 크기는 파동이 전달하는 에너지양에 비례하며, 이 에너지가 우리가 탄 그네를 움직이는 힘이다. 파동은 단위 시간에 같은 상태가 몇 번이나 반복되는가를 나타내는 양인 진동수(주파수)를 가지고 있는데, 진동수는 본질적으로 속도를 나타낸다(파동이 서로 가깝게 붙어있으면 더 빠르게 이동한다).

앞서 4장에서 우리는 파동을 빛과 굴절률이라는 개념으로 들여다보았다. 나는 지금 당신이 그와 같은 프리즘을 통해 자신에 대해 생각해보기를 바란다. 그네를 탈 때 우리가 문자 그대로 단순조화운동의 파동을 타는 것처럼, 우리의 삶과 성격에도 각자 고유의 파동 패턴이 내재하기 때문이다.

당신이 아는 사람 중에 항상 감정을 잘 통제하고, 어떤 경우에도 공공연히 문제에 얽매이지 않으며, 기본적으로 '한결같은' 사람을 떠올려보라. 그 사람은 평형 상태에서 너무 멀리 떨어지는 일이 절대로 없는, 진폭이 작은 성격을 가진 것이다. 그 사람을 밀어내거나 잡아당기는 감정 에너지는 어느 것이든 지나치게 커지는 법이 없다. 마치 느리고 일정한 속도로 잔잔하게 움직이는 그네와 같다. 갑작스러운 움직임이나 멀미 같은 것은 일어나지 않는다.

이와 반대로 진폭이 큰 사람은 연소할 에너지가 더 많은 사람이다. 감정의 마루와 골이 더 극단적이고 아마 움직임도 더 빠를 것이다. 즉 더 높은 진동수를 갖는다. 그네로 비유하자면 높이 솟아올랐다가 불안정하게 하강하며 혹은 예상치 못하게 갑작스러운 힘이 요동치면서 당신을 멀미 나게 할 수도 있다. 지금 내가 묘사한 것은 당연히 나 자신이며, 특히 내 ADHD 특성이 그렇다.

ADHD는 단순조화운동의 또 다른 전형적인 사례인, 극도로 압축된 용수철과 같다. 우리는 힘차게, 성급하게, 때로는 타인을 혼란스럽게 하거나 위협하는 방식으로 진동한다. 에너지가 너무나 많아서 진폭이 더 크고 불안정하며 훨씬 더 극적이다. 뉴턴의 운동법칙은 뭔가를 움직이는 작용이 커지면 이에 맞서는 반작용도 커진다고 알려준다. 이렇게 진폭이 '높아졌다'가 '낮아졌다'가 하면서 진동자를 한 극단에서 다른 극단으로 끝없이 밀어내는 힘과 함께 사는 것은 진이 빠지는 일일 수 있다.

광란에 빠진 ADHD의 파동 패턴은 일상의 변수에 집어넣을 에너지가 더 많다는 것을 의미한다. 따라서 우리는 매우 높은 진동수로 움직이며 이는 충동적인 행동과 짧은 주의지속시간으로 나타난다. 에너지는 어딘가로 흘러가야 하므로 우리의 진동자는 에너지의 출구를 만들기 위해 더 높은 진동수와 큰 진폭으로 움직인다. 이런 충동은 관례를 거의 지키지 않으며, 때로는 내가 트램펄린에서 뛰기 위해 해 질 녘에 잠옷 바람으로 밖에 나가는 이유이기도 하다. 내 용수철 코일은 석양을 향해 나를 튕겨 올리는 트램펄린만큼이나 탄탄하다.

성격의 진폭이 크든 작든 모두 각자의 장단점이 있다. 중요한 건 자신의 기질이 진동하는 속도를 아는 것이다. 다른 질환보다 비교적 최근에 ADHD를 진단받은 후, 그제야 나는 내가 움직이는 방식을 올바로 인식할 수 있었고, 어디서 살고 누구와 놀 것인지를 나

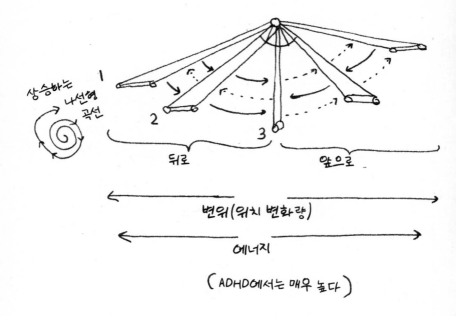

상승하는
나선형
곡선

1

2

3

뒤로

앞으로

변위(위치 변화량)

에너지

(ADHD에서는 매우 높다)

에게 유용한 방식으로 조정할 수 있었다. 그네를 '잘' 타듯 살아가면서 자연스럽게 전진하려면, 자신과 주변 사람들의 진폭을 알아야 한다. 그래야만 내 안에서 에너지 조화를 이룰 수 있다는 희망을 품을 수 있다. 또한 이는 다른 사람에게서도 같은 것을 기대할 수 있는 토대가 된다.

공명: 서로 통한다는 것

진동자와 파동에 관한 한 독립된 존재는 없다. 그래서 진폭을 인식하는 일이 중요하다. 조화진동자는 용수철 위의 공이 영원히 위아래로 튀어 오를 수 있는, 완벽하게 마찰이 없는 세계에 사는 것이 아니다. 마찬가지로 그네에 탄 아이도 바람의 저항부터 그네를 밀어주는 타이밍까지 모든 것에 영향받는다.

우리 삶의 다른 부분도 마찬가지다. 성격이라는 파동은 공간과 시간에 따라 그저 행복하게만 풀리지 않으며, 즐거운 길이 끊기지 않고 이어지지 않는다. 대신 실제로는 파동의 형태와 속도, 방향을 바꿀 수 있는 다른 파동과 만나고 상호작용한다.

이 과정을 설명하고, 우리가 반드시 대비하고 적응해야 할 외부 환경의 종류를 알려줄 개념이 두 가지 있다. 두 파동이 만나면서 일어나는 '간섭interference'과, 외부의 힘이 파동 패턴에 미치는 영향인 '공명resonance'이다.

간섭

간섭은 두 개 이상의 파동이 겹칠 때 진폭이 변하는 현상을 뜻한다. 이때 파동들이 서로 겹치는 과정을 '중첩superposition'이라고 한다.

중첩의 결과는 둘 중 하나로 나타난다. 먼저, 보강간섭constructive interference은 진폭이 일치하는 두 파동의 마루가 중첩되면서 더 큰 파동을 형성하는 것이다. 해변에 앉아 밀려오는 파도를 바라볼 때,

여러 겹의 파도가 합쳐져 점점 높아지는 것과 같다. 혹은 당신이 더 나은 모습으로 존재하게 하는 사람을 만났을 때와도 같다.

그러나 빛이든 소리든 파도든, 파동이 항상 일치하는 것은 아니다. 두 파동의 마루와 골이 만나면서 교차하는 순간, 반대 효과가 나타난다. 이를 상쇄간섭destructive interference이라고 하는데, 이때 두 파동이 효과적으로 서로를 소멸시켜 파동을 평형 상태로 되돌린다. 진폭에서 양의 방향인 마루와 음의 방향인 골이 서로 합쳐져 0, 즉 아무것도 보이지도 들리지도 않는 상태가 되는 것이다. 당신과 상쇄간섭을 이루는 사람은 부정적인 영향력을 통해 당신의 에너지와 즐거움을 서서히 무너뜨리고 무로 되돌린다.

상쇄간섭의 예로는 내가 가장 좋아하고 소중하게 여기는 소지품인 노이즈 캔슬링 헤드폰을 들 수 있다. 나는 내 단짝인 이 헤드폰 없이는 집을 나서지 않는데, 헤드폰이 카페에서 들리는 시끄러운 대화나 거리에서 울리는 응급차 사이렌, 자동차 창문을 열고 소리 지르는 사람들이 내는 소음을 막아주기 때문이다. 상쇄간섭 덕분에 나는 원래라면 갈 수 없었을 장소들을 안전하게 누빌 수 있다. 헤드폰은 주변의 파동과 위상이 다른 음파를 만들어서 내 귀에 아무것도 들리지 않게 해준다. 서로의 진폭이 중첩되어 0이 된, 두 파동의 평형 상태인 것이다.

이처럼 파동은 서로를 증폭하거나 상쇄할 수 있다. 두 파동은 중첩되면서 각각 따로 존재할 때보다 더 위대한 무엇인가가 될 수도 있다. 혹은 충돌해서 소음은 침묵하고, 빛은 사라지며, 에너지는 줄어드는 평형점에 이를 수도 있다. 스펙트럼 사이에서라면 어떤 것으로든 변할 수 있다. 특히 파동이 부조화를 이룰 때 가장 중요하게 작용하는 요소는, 각 파동에 내재한 특성보다는 두 파동이 만나는 시점이다. 위상이 일치한다면 보강간섭을 이룰 수 있었던 두 파동도, 위상이 일치하지 않으면 상쇄간섭을 이룬다. 삶의 다른 것과 마찬가지로 타이밍이 핵심이다.

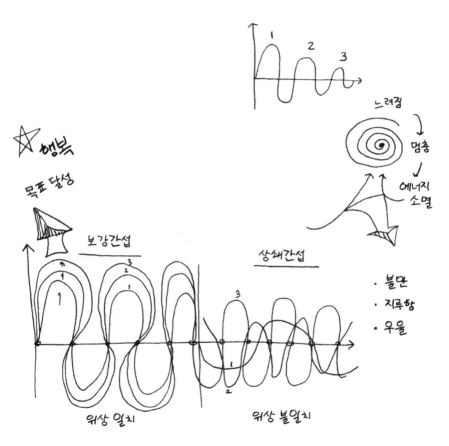

공명

타이밍은 공명의 필수 요소이기도 하며, 파동이론과 조화운동이 주는 삶의 교훈을 이해하는 데도 중요한 핵심 개념이다. 즉 공명 현상은 파동 체계가 가장 자연스럽게 작동하는 공진주파수(공명진동수-옮긴이)resonant frequency가 발생할 때 일어난다. 와인잔을 손톱으로 튕겼을 때 나는 소리나 놀이터의 그네가 움직일 때 그리는 자연스러운 궤적을 예로 들 수 있다. 다른 힘을 가했을 때 어떤 일이 일어나는지를 보면 공명의 힘을 알 수 있다. 공명이 미지의 대상에 미치는 영향은 강도가 얼마나 센가보다는 진동수가 얼마나 비슷한가에 달려있다. 다시 말하면, 그네를 상대적으로 살짝 밀더라도 딱 맞는 타이밍에, 즉 공진주파수와 일치하게 미는 것이 중요하다. 타이밍을 맞추지 못하고 그네가 제자리에 도달하기 전이나 후에 세게 미는 것보다 그 편이 훨씬 더 효과적이다. 와인잔을 예로 설명하면, 같은 진동수를 가진 다른 음파가 더해지면 와인잔을 부술 만한 힘을 충분히 가할 수 있다. 반면에 아주 큰 소리(그리고 더 높은 진폭을 가진 파동)라도 진동수가 다르다면 와인잔은 부서지지 않는다.

공명과 간섭이 우리에게 보여주는 것은, 자연에서 실제로 차이를 만들어내는 것은 동시성이라는 사실이다. 놀랍게도 '동상in phase', 즉 위상 일치는 높은 강도보다 훨씬 큰 효과를 발휘하곤 한다. 사람들의 성격과 함께 일하는 방식, 혹은 함께 일하지 않는 방식도 마찬가지다. '마음이 통했어'라고 느끼는 새 친구나 연인을 만난 적이 있다면 당신은 인간관계에서 보강간섭이 어떤 것인지 짐작할 수 있을 것이다. 두 사람이 서로의 도움 없이는 도달할 수 없는 경지까지 서로를 지지하기 때문에 훨씬 더 즐겁고, 열정이 가득하며, 활기가 넘치는 관계다.

반면에 정반대의 관계, 즉 당신과 위상이 일치하지 않는 누군가와 함께 있을 때 에너지와 즐거움이 빠져나가 버렸던 경험도 있을 것이다. 노이즈 캔슬링 헤드폰을 쓰면 신경을 긁던 소음이 다른 요인, 즉 위상이 일치하지 않는 파동과 만나 평형 상태로 '상쇄되는' 것처럼, 삶에서 우리의 영혼과 성격도 그렇게 중화될 수 있다. 이런 상쇄간섭은 우리를 지치게 하고, 자신을 나쁘게 여기도록 하며, 어떤 것에도 즐거움을 느낄 수 없게 한다.

세계가 보내는 다양한 파장을 자주 느껴본 사람으로서, 진동수, 간섭, 공명을 이해하는 것은 내가 사회적 상호작용의 우여곡절에 더 잘 대처하는 데 도움이 되었다. 이 지식을 통해 나는 어떤 사람들 사이에 있어야 할지, 나를 활기차게 하거나 위험할 정도로 내 기세를 꺾는 사람 혹은 상황은 무엇인지 알 수 있었다. 또한 누군가에게는 대하기 '어려운' 사람이지만 동시에 나누어줄 사랑이 많은, 다소 극단적인 내 성격을 최대한 활용하는 방법도 깨달았다.

다음 절에서는 살아가면서 고유의 파장을 지닌 사람들과 잘 지내는 데 이 개념들을 어떻게 활용할지 살펴보려 한다. 우리의 삶을 풍요롭게 하는 관계를 최대한 잘 활용하고, 삶의 질을 떨어뜨리는 관계를 피하는 방법을 알아보자.

정확한 순간에 그네를 미는 것처럼

아주 어릴 때부터 나는 항상 다른 사람들에게서 소외감을 느꼈다. 내가 모르는 것을 다른 사람들은 알고, 내가 느끼지 못하는 감정을 그들은 느끼는 것 같았다. 나는 내가 동료 인간 대부분과 단순히 은유적 파장이 다른 것이 아니라 말 그대로 신경학적 감각도 다르다는 사실을 깨닫는 데 내 생의 대부분을 소모했다.

소리와 빛이 서로 다른 진동수로 대기를 통과하듯이, 사람의 머릿속 파동의 움직임도 그렇다. 잠잘 때는 완만하고 낮은 진동수의 델타파와 세타파가 나오고, 쉬거나 특별한 일을 하지 않을 때는 그보다 높은 알파파가 나온다. 주의 집중해야 하는 업무를 적극적으로 할 때는 매우 높은 진동수의 베타파와 감마파가 나온다. 우리가 처한 상황에 따라 뇌파는 신경을 잔잔하게 진정시키거나 충격적인 북소리를 만들 수 있다.

ADHD가 있는 뇌는 종종 특정 상황에 맞지 않는 파장을 만든다. 예를 들어 동료와 리듬을 맞추지 않고 자기 혼자서 침묵의 신경화학적 디스코를 춘다. 연구에 따르면 ADHD가 있는 뇌는 주어진 업무에 더 활동적인 베타파가 필요할 때도 세타파 상태에 틀어박히기 쉽다고 한다. 그 결과, 시간과 공간 감각이 붕괴하면서 물속에 사는 것처럼 난장판이 되고 만다. 세계는 일정한 속도로 움직이고 뇌는 다른 속도로 움직인다. 이것은 방향을 찾으려 에너지를 모두 소진한 날과 불안의 조합을 뜻할 수도 있다. 잠깐은 평온하지만 지나치게 자주 울고 소리 지르고 웃는 바람에 통제되지 않는 어린 아이들을 방 안 가득히 데려다놓고 돌보는 것, 내 마음을 관리하는 일이 바로 그와 같다.

그게 어떤 느낌인지 이해하려면 번잡한 시내 중심가에서 페라리를 모는 상상을 해보면 된다. 당신의 뇌가 움직이는 속도는 뇌가 처한 상황과 맞지 않는다. 당신은 여기에서 저기로 뛰면서 계속해서 정신의 가속 페달을 밟지만, 주변은 온통 보행자와 다른 차량, 신호등으로 둘러싸여 있다. 당신의 뇌는 빨리, 빨리, 더 빨리 가고 싶어 하지만 일상에서 교통 법규와 계속 부딪힌다. 잊지 않고 열쇠를 챙기고, 회사에 제시간에 출근해야 하며, 점심도 먹고, 사람들에게 친절하게 대해야 한다. 정말 힘든 일이다.

ADHD는 당신이 오랜 시간 집중하는 걸 방해하는 데 그치지 않는다. 당신을 매우 충동적이고 감정 변화가 심한 사람으로 만들며, 한순간에 행복감에 젖었다가 바로 다음 순간 깊은 절망에 빠지기를 반복하도록 만든다. 끊임없이 계속되는 주의 산만이라는 돌풍 속의 풍향계처럼 집중력도 엄청나게 흔들린다.

나는 차 한잔을 마시려는 순수한 의도로 부엌에 갔다가, 차를 우리는 동안 재미있는 책을 집어 들 수도 있다. 차를 우리던 것은 새까맣게 잊어버리고 메모지를 발견하고는 급히 메모를 휘갈기다가 갑자기 식료품 가게에 물건을 사러 갈 수도 있다. 가게에 가서 내 불안 증상을 가라앉혀 줄 껌 한 통만 사서 돌아오다가, 차를 우려놓은 것을 잊어버려서 머그잔이 찻물로 물들었다는 사실을 깨달을지도 모른다. 머그잔을 씻으려 고무장갑을 껴놓고는 고무장갑을 낀 내 사진을 인스타그램에 올리느라 설거지는 잊어버릴 수도 있다. 절대로 마시지 못할 차 한잔에 들어가는 노력이 이토록 크다.

내 ADHD 뇌는 높은 진동수와 큰 진폭으로 움직이는 야수이며, 마루와 골 양쪽 모두 상당히 극단적이다. 즉, 나는 다른 파장들과 상호작용할 때 나를 위해서도 타인을 위해서도 조심해야 한다는 뜻이다. 내재해 있다가 가끔 흘러나오는 내 에너지와 열정이, 다른 이에게는 단순하고 지나치게 솔직하며 과도하게 감정적인 반응으로 보여서 조금은 과장되게 느껴질 수 있다는 걸 안다.

나는 "넌 너무 지나쳐, 밀리"라는 말을 수없이 듣는다. 오늘은 직장에서 내 주장을 내세우거나 아이디어를 발표하려 했을 뿐, 누군가를 과소평가하거나 중간에 말을 끊어서 그를 불쾌하게 하려던 게 아니라고 확실히 설명해야 했다. 또한 열정이 중대한 죄는 아니며 이런 일이 가끔 있어도 내 영혼을 계속 드러내야 한다고 스스로 다독여야 했다. 어쨌든 넘쳐나는 에너지가(또는 쿠키 한 접시가) 삭막한 사무실의 사기를 북돋아주면 모두들 좋아하게 마련이다. 이렇게 외부 세계와 나의 관계를 다루는 일은 제대로 작동하지 않는 라디오 주파수를 맞추려는 것과 같다. 불안정하다. 때로는 완벽하게 주파수를 맞추지만, 종종 방송 대신 고통스러운 잡음 폭탄을 들을 수도 있다.

동시에 나는 나 자신을 돌보는 데 주의를 기울이고, 내 삶에서 다른 파장(타인, 장소, 상황 등)이 파괴적이기보다 건설적으로 작용하도록 노력해야 한다. 나는 살아오면서 우울증을 여러 번 겪었는데, 내 고유의 진폭과 맥락상 일치하지 않고 그 틈을 메울 수도 없는 환경에 있었기 때문이다. 나는 계속 전진하기 위해 점점 더 많은 에너지를 쏟았지만 대부분 헛된 노력이었다. 진동수가 높은 내 영혼은 종종 고통스러운 침묵에 잠겨 들었다. 그리고 나와 환경의 차이가 더 명확해질수록 나는 더 고립되고 외로워졌다. 허무감에 좌절하고 내 본연의 성격과 욕구를 의심하기도 했다. 이 묵시적인 논리는 우울증의 근원이었고, 환경뿐 아니라 나 자신에게도 의문을 품게 해서 나의 모든 행동이 잘못된 방향 전환이 아닐까 두려워해야 했다. 내 역할을 조금이라도 할 수 있을 때는 기가 꺾이고 우울한 상태였고, 사람들과 상호작용할 때는 진짜 나 자신은 숨긴 채 정상인인 척 가면을 썼다. 이 일에는 더 많은 에너지가 필요했고, 시간이 지나자 상황이 점차 더 악화되었다.

나는 박사 학위 과정 중에 처음으로 우울증을 경험했는데, 그때 이미 네 번이나 고쳐 쓴 논문을 다시 꼼꼼하게 확인해야 했다. 내 마음속에는 하고 싶은 것과 관련한 너무 많은 생각이 와글거리고 있었지만, 나 자신을 가장 낮은 진폭 수준까지 억눌러야 했다. 시간이 흐르면서, 그리고 상상력을 제한하고 집중하려 고군분투하면서, 내 모든 에너지와 열정을 잃기 시작했다. 매일 한 시간씩 늦게 일어나고, 일에 집중하기는커녕 조금이라도 움직이려면 애를 써야 했다.

직장 때문에 슬라우로 이사한 최근에도 비슷한 일이 일어났다.

산업단지에서 9시부터 5시까지 일하는 일상을 선택했을 때는 평온한 '갭이어(학업을 잠시 중단하고 다양한 활동을 통해 진로를 탐색하는 기간-옮긴이)'가 되리라고 생각했다. 그러나 그 대신 카페 적립 카드만 꾸준히 쌓였고 용기를 잃게 하는 느린 자동문만 남았다. 내게 필요한 격려는 전혀 받지 못했고 또다시 주위 상황과 위상이 크게 어긋났다는 것만 느꼈다. 나는 내 에너지가 베이지색 카펫 속으로 스며들고 형광등 속으로 녹아드는 것을 느낄 수 있었다. 그러나 결국 이는 좋은 결과로 이어졌다. 나는 스물여섯 살에 좋은 친구를 사귀었고 공식적으로 ADHD를 진단받았다. 이 진단은 내가 우리 행성과 종족에 대해 종종 느끼던 비대칭적인 감각을 더 잘 이해하도록 도와주었다.

좋기도 하고 나쁘기도 한 우정과 인간관계에 관한 이 두 가지 에피소드가 내게 가르쳐준 것은 진폭 사이의 간극을 민감하게 받아들여야 한다는 것이다. 그것이 두 사람 사이의 파장이든, 당신과 당신이 살거나 일하는 장소 사이의 파장이든 상관없다. 나는 상당히 높은 진폭과 에너지를 자연스럽게 타고났기 때문에, 새로운 생각에 열광적으로 흥분하는 상태와 이상한 냄새나 싫어하는 색에 과도하게 불안해하는 상태 사이에서 진동한다. 따라서 나는 무관심하거나 심지어 적대적인 타인을 예상하고 그들과 어떻게 어울릴지, 혹은 어울리지 못할지 계속 생각하면서 완벽하게 다른 진폭을 가진 사람과 상황에 대응하려 분투한다.

만약 다른 누군가의 본래 상태가 나에 비해 긴장이 풀려있고 완만하다면 나는 불만스러울 것이다. 왜냐하면 나는 지나치게 열정적이어서 종종 주변 사람을 놀라게 하는데, 이에 대해 거의 항상 실낱같은 죄책감을 느끼기 때문이다. 내가 나를 '아는' 사람들 외에 결국 파괴적인 간섭으로 끝날 것 같은 타인과 함께하기보다는 혼자 시간을 보내는 이유다. 상황적·사회적 규범에 맞추려 노력하는 일이 얼마나 피곤한지 나는 경험으로 안다. 내게 그런 노력은 그저 그럴 만한 가치가 없다.

이처럼 환경과 위상이 일치하지 않을 때 기진맥진하고 의기소침해지는 것과 달리, 같은 공진주파수를 가진 사람을 만날 때 나는 가장 즐겁다. 정확한 순간에 그네를 미는 것처럼, 위상이 맞는 친구, 배우자, 직장 동료는 논평, 농담, 제스처, 혹은 짧은 메시지 같은 최소한의 노력으로도 엄청나게 긍정적인 효과를 가져올 수 있다. 잘 맞지 않는 사람이 우리의 영혼과 감정을 침몰시키듯이, 잘 맞는 사람은 우리의 영혼과 감정을 급상승시킬 수 있다. 보강간섭의 마법은 당신과 당신의 사회적·연애적·직업적 공범자가 따로 떨어졌을 때보다 함께일 때 더 나은 삶을 살도록 돕는다. 나는 내가 대부분의 사람과 다르며 나와 같은 파동은 상대적으로 적다는 사실을 알기 때문에 파동에 큰 관심을 기울인다. 그래서 나와 잘 어울리고, 서로 보완하며, 때로는 내 성격이 폭발하는 것을 부드럽게 완화할 수 있는 보강간섭의 신호를 발견하면 나는 돌진한다.

파동이 같은 사람은 만나면 알 수 있다. 사람들이 친구나 연인이 되는 이유를 설명할 때 거론되는 뭐라 말할 수 없는 불꽃이 튀

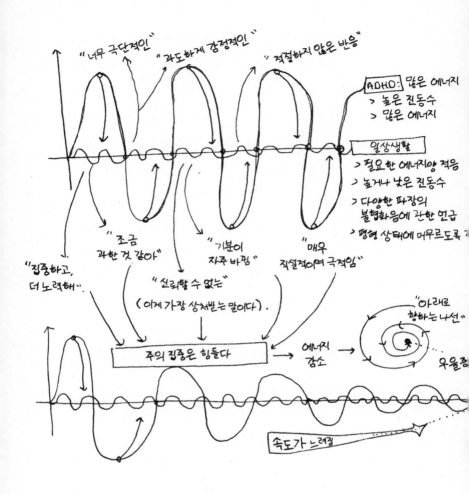

는 바로 그 감각, 친밀감과 연대감이 느껴진다. 새로운 친구에 관해 얘기할 때 "지금까지 계속 알고 지낸 사람 같았어"라는 말은 완전히 비이성적인 말은 아니다. 실제로 그 사람을 알지는 못하더라도 성격과 기질 파장에 공통점이 매우 많아서, 악수하기도 전에 행동, 추측, 선호도가 무의식적으로 정렬되는 것이다. 두 사람은 만나기 전부터 오랜 시간 대부분 같은 길을 걸어온 것이다.

타인과 파동의 위상이 일치한다는 말은 당신과 그 사람의 진폭이 완벽하게 똑같다는 뜻이 아니다. 서로의 파동이 정확하게 거울상이어야 한다는 의미가 아니라는 뜻이다. 오히려 거울 보듯 정확하게 파동이 일치하면 좋지 않을 수도 있다. 화음이 서로 다른 음이 하나로 합쳐지는 것을 뜻하듯이, 인간관계의 조화는 성격의 위상이 맞는 것을 뜻한다. 서로 크게 다르지 않아서 다리를 놓기가 힘들지 않아야 하지만, 너무 비슷해서 서로가 효율적인 균형과 견제를 이루지 못해서도 안 된다. 조약돌이 수면 위를 춤추며 가로지르듯이, 아름다운 것을 함께 만들어내기 위해 두 물체, 혹은 두 사람이 특별히 비슷해야 할 필요는 없다. 모든 것은 상호작용의 각도, 그리고 타이밍의 문제다.

내 가장 친한 친구들은 내가 최고조로 흥분했을 때 감정을 누그러뜨리고, 가장 깊은 밑바닥까지 떨어졌을 때 나를 끌어올려 줄 사람들이다. 그리고 나도 그 친구들에게 똑같이 해줄 수 있다. 다음 그림에서 볼 수 있듯이, 각자의 파동 패턴이 여정을 충분히 공유하는 한편, 서로를 보완할 개성과 능력을 유지하는지가 중요하다. 인간은 변화를 위한 도전과 잠재력이 필요하며, 이것을 줄 수 있는 것은 자신과 대비되는 파동(인간)이다. 이는 다시 모든 과학 연구와 행복한 삶의 핵심 요소인 탐구를 위한 잠재력을 만들어낸다. 그러

다양한 파장들의 조화

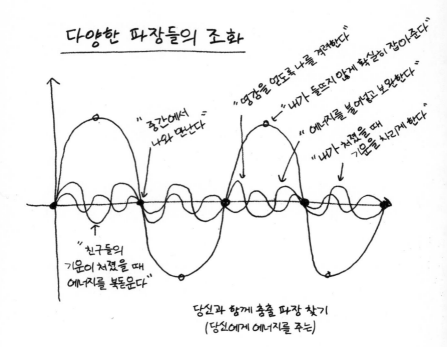

"영감을 얻도록 나를 격려한다"
"내가 들뜨지 않게 확실히 잡아준다"
"에너지를 불어넣고 보완한다"
"내가 처졌을 때 기운을 차리게 한다"

"중간에서 나와 만난다"

"친구들의 기운이 처졌을 때 에너지를 북돋운다"

당신과 함께 춤출 파장 찾기
(당신에게 에너지를 주는)

나 이런 다양성은 특정 조건에서만 작동한다. 두 사람이 서로의 대조적인 진동수에 적응할 수 있고, 자연스럽게 나타나는 혼란을 이겨낼 수 있으며, 서로의 다름에 압도되기보다는 차이에서 이익을 얻을 수 있어야만 한다.

음악 비유를 확장하자면, 우리의 삶은 지휘자 없는 오케스트라에서 연주하는 것과 살짝 닮았다. 우리는 모두 자기 악기를 연주하면서 주변에서 함께 화음을 이룰 상대를 찾고 싶어 한다. 어떤 사람들은 자신만의 음을 연주하면서 종종 불협화음을 낸다. 모두의 연주를 하나로 이끌어줄 지휘자가 없으므로, 나와 화음을 이룰 상대가 있는지, 내가 아무리 애쓰더라도 항상 충돌하게 마련인 사람은 아닌지 잘 들어야 한다. 특히 우리가 귀 기울여야 할 것은 공명이다. 공진주파수가 일치하는 사람과 작업환경, 사는 곳은 당연히 우리를 북돋운다. 대부분의 사람이 평생을 바쳐 공명을 찾아다니고, 본질적인 평화와 성취감, 행복을 안겨줄 친구, 반려자, 직업, 가정을 찾아다닌다. 이 탐색은 반드시 자신의 파장을 이해하고 타인의 파장에 공감하는 데에서 시작해야 한다. 삶의 추 위에서 우리는 모두 자기만의 리듬과 그에 맞춰 내가 춤추도록 도와줄 사람을 찾아야 한다.

CHAPTER 6

대중에 휩쓸리지 않는 법

분자동역학, 순응과 개성

나는 항상 사물과 사람들의 움직임에 매료되었다. 다섯 살 때는 침실 창을 통해 비쳐 드는 햇빛 사이를 떠도는 먼지 입자들을 가만히 앉아서 지켜보곤 했다. 엄청나게 많은 먼지와 먼지 입자가 움직이는 모습에 나는 넋을 잃었다. 먼지들은 대부분 함께 움직였지만 몇몇 입자는 항상 길을 잃은 듯 보였다. 나는 눈을 감고 앉은 채 얼굴에 닿는 아침 햇살의 온기를 느끼며 내 뺨에 내려앉는 먼지 입자를 세어보곤 했다. 사실 이럴 수 있는 시간은 하루에 고작 15분뿐이었는데, 시간을 제한하지 않으면 내가 이 시간을 너무나 사랑한 나머지 먼지투성이 햇볕을 쬐며 온종일 그 자리에 행복하게 앉아있었기 때문이다.

그 움직임은 나를 황홀하게 만들었고, 규모의 감각 역시 마찬가지였다. 거의 볼 수 없거나 이해할 수 없는 것들과 비교할 때, 인간인 우리는 수라는 측면에서 본질적으로 하찮을 수밖에 없다. 생물화학을 배우기 전인 당시에 내가 알기로 세상에서 가장 작은 것은 마침표였다. 나중에 원자라는 존재를 알게 될 때까지 나는 마침표를 대용물로 삼았다. 매일 아침 내가 잠겨있는 먼지구름의 비밀을 마침표가 움켜쥐고 있다고 나는 확신했다.

여느 때처럼 앉아서 백일몽을 꾸던 어느 날, 엄마의 목소리가 계단 위로 떠밀려 올라왔다. "밀리! 마지막으로 묻는 거야, 토스트에 뭐 바를 거니?" 도수 없는 안경을 낀 채(이때 나는 여전히 엘턴 존을 추앙하고 있었다) 아래층으로 거들먹거리며 내려간 나는 마음속에 있던 훨씬 더 중요한 질문을 불쑥 던졌다. "엄마, 세상에는 마침표가 얼마나 많이 있어요?" 엄마의 눈썹은 웃음으로 휘어졌다. "베지마이트 발라달라는 말이지? 맞니?"

마침표에 대해 만족할 만한 답을 찾지 못했지만, 이후 나는 주변 세계가 어떻게 움직이는지 관찰하고 분석하는 사람이 되었다. 카페에 앉아 책을 읽는 척하면서 실제로는 사람들이 길에서 어떻게 걸어가고 서로 상대적으로 행동하는지 관찰했다. 어떤 행동이 예측할 수 있었고 어떤 행동이 돌발적이었나? 군중 속에서 불안에 시달리면서 길을 찾을 때, 나는 타인의 역학적인 행동 양식을 얼마만큼 신뢰할 수 있을까?

나는 책도 읽었다. 인간의 본성을 논한 토머스 홉스와, 행동으로서 전체 인구 집단을 대표할 수 있는 '평균인'에 관해 설명한 아돌프 케틀레 등의 책이었다. 대규모 집단에서 인간의 다양한 결정이 어떤 결과로 나타나는지 모의실험을 하려고 〈시드 마이어의

문명 V〉 같은 게임을 하기도 했다. 기차를 타거나 학교 운동장에 앉아있을 때마다 나는 사람들이 어떻게 서로 영향을 주고받으며 행동하는지 관찰하고 더 많이 학습하면서 인간의 행동 양식을 배웠다.

나는 근본적인 질문의 답을 찾고 있었다. 인간의 행동은 본질적으로 개인적인가, 아니면 순응적인가? 자신만의 리듬을 따라 움직이는가, 아니면 군중의 리듬을 따라가는가? 우리는 구름을 이루는 먼지 입자 중 하나인가, 아니면 무리에서 벗어난 이상치인가? 물론 분명히 나도 러프 칼라(목둘레를 과장되게 둘러싸는 르네상스 시대의 칼라-옮긴이)를 참아낼 수 있기야 하겠지만, 나의 동기는 홉스와 달리 철학적이지 않았다. 내게 이것은 매우 현실적인 문제였다. 주변 사람들이 어떻게 행동할지 어느 정도 확실하게 예상할 수 없다면 나는 사람들 속에서, 아니 사람들이 근처에 있는 곳이라면 어디든 절대로 안전하다고 느끼지 못할 것이다. 모든 가게와 인도, 기차역에 가득 들어찬 무섭고 냄새나는 군중을 통과해 나갈 용기를 일으키기 전에, 나는 그들의 기준을 이해해야 했다. 나 자신을 돌보고 안심시키려면 타인을 연구해야 했다. 그러지 않으면 어린 시절 여행하면서 수없이 일어났던 일이 되풀이될 게 뻔했다. 차 안에 숨은 나를 언니가 달래거나, 외부의 소음과 빛을 차단하려 머리 위에 코트를 덮어써야 할 것이다.

내가 두려운 군중을 게임처럼 생각하도록 처음 이끈 사람은 언니 리디아였다. 복잡한 거리를 일종의 인간 테트리스로 바꾸자, 나는 상황을 좀 더 가볍게 받아들이고 과학자의 모자와 코트로 무장할 수 있었다. 내가 두려워하던 것을 실제로 즐길 수 있는 일이자 연구해야 할 이론 문제로 바꿀 수 있었다.

이 모든 것이 보여주듯, 군중은 여전히 내게 가장 큰 두려움의 대상이지만 사람들을 관찰하는 것은 내 삶의 가장 큰 즐거움이기도 하다. 나는 어떤 넷플릭스 드라마를 시청하는 것보다도 길을 건너는 보행자의 예측 불허한 행동을 추적하는 게 더 즐거웠다. 원시인이 모닥불 주위에 둘러앉아 불을 지켜보는 것과 비슷하다. 지루해 보일 수도 있지만 가장 일상적인 상황에서조차 지루한 인간 행동이란 없다. 고대 과학자들을 매혹했던 전통적인 요소인 흙, 바람, 물, 불처럼 예측 불허와 흥미로움은 어디에나 존재한다. 일상적인 이야기는 전개가 느릴지도 모르지만, 당신의 주변에서 가지를 뻗어나가는 이야기를 관찰하기 시작하면 성급한 사람조차도 욕구를 채우기에 충분할 것이다. 예측할 수 있는 시간의 화살을 따라 대본대로 이어지는 TV 쇼나 영화보다 더 드라마틱하다.

거리를 걷는 일이 당신에게는 두 번 생각할 필요 없이 그냥 할 수 있는 일이더라도(나는 스무 번은 생각해야 한다), 내가 이 과정에서 배운 것은 누구에게나 유익할 것이다. 개인과 집단의 충돌은 정도는 다르지만 누구나 겪는다. 삶의 방향을 정할 때, 우리는 자신이 원하는 것과 사회가 기대하거나 강요하는 것 사이에서 결정을 내려야만 한다. 우리가 내리는 거의 모든 중요한 결정에는 개인의 동기와 공동체의 동기가 동시에 작용하며, 때로 이 둘은 서로 다른 방향으로 우리를 잡아당긴다. 개인적인 욕구와 공동체의 요구 사이에서 균형을 잡는 일은 우리가 마주하는 가장 큰 도전일 수 있다.

확신을 가지고 삶을 계획하려면 삶의 맥락과 사람들의 행동, 그리고 주변 환경을 이해해야 한다. 우리의 행동은 정상인가, 혹은 정상이어야 하는가? 공동체에서 배척당하지 않고도 아웃라이어(이상치. 여기서는 평균을 벗어난 비범한 사람이라는 뜻으로 쓰였다-옮긴이)가 될 수 있는가? 주변 사람에게 다른 것을 원하고 요구하는 것이 문제가 되는가? 자기 자신을 알기 위해서는 외부를 관찰하고 시간과 공간 양면에서 집단의 움직임을 연구해야 한다.

집단과 순응

군중은 집단의 행동으로 정의되는가, 아니면 집단을 이루는 수많은 개인으로 정의되는가? 혹은 목적지에 가기 위해 불필요한 상호작용을 피하는 경로를 계획할 때, 개인과 집단의 행동 양식 중 어느 쪽을 지침으로 삼아야 할까?

나는 밑바닥, 즉 화학책에서 읽었던 분자 수준의 움직임에서부터 시작하는 걸 선호한다. 역장force field(눈에 보이지 않는 힘이 작용하는 범위-옮긴이)을 통과하는 분자의 움직임을 추적할 때처럼, 각 개인의 예측된 궤도를 모델화해서 인간 수준으로 규모를 확장하는 것이다. 이 방법으로 나는 예의 바르거나 친절하게 옆으로 비켜서는 사람, 자신의 통행권을 더 확실하고 단호하게 주장하는 사람, 바쁘거나 바빠 보이고 싶어서 서둘러 움직이는 사람 등등, 사람들이 각자 어떻게 다르게 움직이는지를 관찰했다. 빠르게 움직이는 사람이 있는가 하면, 느리게 움직이는 사람도 있다. 덩치 큰 사람도 있지만, 작고 날렵한 사람도 있다. 온갖 형태로 그들을 창조한 원자처럼, 사람들도 다양하게 혼합되어 있다.

나는 금세 모든 개개인의 움직임을 설명하기란 불가능하다는 사실을 깨달았다. 출근할 때마다 본능적으로 그렇게 하고 싶지만, 그럴수록 나는 지치고 낮잠이 절실해질 뿐이었다. 당신도 한번 해보면, 먼지 입자 수를 세려고 할 때처럼 시간과 인내심 혹은 에너지가 닳아버리는 것을 금방 깨닫게 될 것이다.

각 개인의 수준에서 대상을 측정하는 일은 비현실적일 뿐 아니라 과학적으로도 도움이 안 된다. 입자처럼 사람도 완벽하게 독립적으로 행동하지 않기 때문이다. 우리는 다른 사람부터 무생물, 기후, 사회적 관습에 이르기까지 유형 혹은 무형의 구성 요소로 이루어진 더 넓은 환경이라는 계의 일부다. 우리는 계에 참여하는 동시에 여러 방법으로 계에 의해 형성되기도 한다. 의식적이든 아니든, 우리는 주변 사람들의 행동을 관찰하고 흡수한다. 이는 우리가 세우는 가설에 영향을 미치며 간접적으로 우리의 행동을 결정한다. 새의 무리가 순식간에 나는 방향을 바꿀 수 있는 것은 수천 마리의 새가 소수의 움직임을 예측하고 반응하기 때문이다. 속도는 다르지만, 인간에게도 같은 일이 일어난다. 우리는 인도에서 우리를 향해 걸어오는 사람이 어느 방향으로 갈지 가늠하거나, 삶의 중요한 결정을 내릴 때 사람들이 어떻게 반응할지 평가한다.

계의 존재는 우리에게 측정할 또 다른 대상, 좀 더 실현 가능성이 큰 대상을 알려준다. 계를 분석해도 구성 요소의 행동은 깊이 이해할 수 없으리라고 생각할지도 모르지만, 운동론kinetic theory과 입자론particle theory은 달리 말한다. 각 요소는 명백하게 무작위적이고 예측할 수 없는 행동을 하더라도, 전체로서의 계는 더 신뢰할 수 있는 행위자이자 더 가치 있는 목격자이기 때문이다. 나는 타인과 관련해 내 행동을 조절하는 방법을 이해하는 출발점으로 계를 선택했다.

여기서 핵심 개념은 입자가 움직이는 방식을 설명하는 이론인 브라운 운동Brownian motion이다. 액체나 기체 같은 유체에 떠있는 입자는 유체 속 다른 분자와 부딪치면서 무작위로 움직인다. 현미경으로만 볼 수 있는 분자가 순수하게 다수의 힘으로 우리가 볼 수 있는 다른 분자를 밀어낸다. 움직임의 속도와 방향은 지엽적인 환경의 독특한 요소에 따라 결정된다. 브라운 운동은 변화가 어떻게 그리고 왜 일어나는지 이해하려면 큰 그림을 보는 것도 중요하지만 소규모 사건들을 관찰해야 한다고 알려준다. 이것은 당신의 삶에서 중요한 결정 또는 군중의 움직임, 경제 발전, 그 무엇을 관찰하더라도 적용되는 사실이다. 상상할 수 있는 가장 작은 수준에서 일어나는 일과 이들이 결집하는 시기는 전체적인 풍경을 크게 바꾼다.

브라운 운동은 현재 우리가 원자와 분자로 알고 있는 존재를 확립하는 데 중요한 역할을 했다. 이 이론은 스코틀랜드 과학자 로버트 브라운의 영감에서 시작되었다. 그는 고요한 호수 표면에서 꽃가루가 움직이는 현상을 설명하려 했다. 이 이론의 뿌리는 빛 속을 부유하는 먼지 입자에 관해 쓴 로마 철학자 루크레티우스까지 거슬러 올라간다. 루크레티우스는 다섯 살의 나를 사로잡았던 똑같은 광경을 2,000년 전에 먼저 발견했다.

브라운 운동의 본질은 예측할 수 없는 움직임이기에 각 입자의 움직임을 랜덤워크random walk라고까지 부르지만, 이것만이 전부는 아니다. 미시적으로 모든 입자는 각자 원하는 대로 움직이며, 주변을 둘러싼 액체나 기체 분자와 이리저리 부딪치면서 나아간다. 그러나 관점을 거시적으로 바꾸면, 즉 큰 그림에서 보면 상당히 다르게 보인다. 줌아웃 렌즈로 보면 무작위성은 일정한 패턴을 나타내기 시작한다. 분자들의 충돌은 예측할 수 없지만 전체적인 결과는 예측할 수 있다. 브라운 운동을 통해 문제의 입자는 주변을 둘러싼 유체에 균일하게 분산될 것이다. 이는 입자가 고르게 분포될 때까지 고농도에서 저농도 영역으로 움직여가는 확산을 통해 확인할 수 있다. 오븐에서 굽는 빵 냄새를 집 전체에서 맡을 수 있는 이유다.

꽃가루나 먼지처럼, 개인으로서의 사람도 주변 환경과의 상호작용에 영향을 받아 예측할 수 없는 경로를 따라간다. 하지만 다차원 척도법multidimensional scaling이라는 간편한 기술을 이용해 이 모든 경로를 모델화해서 같이 나타내면, 움직임의 방향은 명확해지며 전체적으로 무슨 일이 일어나는지 알 수 있다.

이 사실을 깨달은 나는 복작거리는 도시 중심가와 거리에서 길을 찾을 때 정형화된 접근법을 선택했다. 인간이라는 다양한 요인의 상대적인 비율, 하루 중의 시간대, 군중의 대부분이 어디로 향하는지에 관한 맥락을 어느 정도 아는 한, 뉴턴 운동 제2법칙인 F=ma(F:힘, m:질량, a:가속도)를 이용해서 교통의 흐름을 예측할 수 있었다. 이에 따르면 수많은 무거운 원자가 럭비 경기장으로 향하

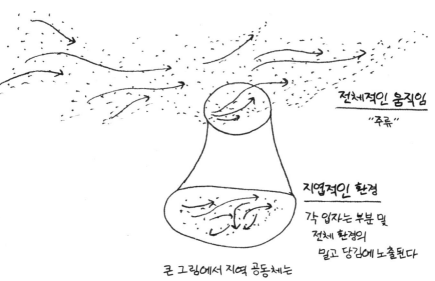

전체적인 움직임
"주류"

지역적인 환경
각 입자는 부분 및 전체 환경의 밀고 당김에 노출된다

큰 그림에서 지역 공동체는 각자 자신만의 작은 역장이 있다

는 토요일 시내 중심가의 분자적 특성은, 등하교 시간과는 매우 달랐다. 관여하는 분자의 다양성과 움직임, 상호작용에 따라 환경은 뚜렷하게 달라진다. 이는 시간에 따라 분자가 역장을 움직여 나가는 방식을 연구하는 과학인 분자동역학molecular dynamics과 같은 방법으로 연구할 수 있다.

나는 뉴턴 운동 법칙을 이용해서 내가 정기적으로 가는 모든 장소와 내가 그곳에 있어야 할 시간대에 사람들이 어떻게 움직일지 예측하는 공식을 만들었다. 사실 항상 내 몸을 물리적으로 작게 만들고 싶었던 이유 중 하나는, 몸이 작으면 내 질량도 작아져서 가능한 한 전체 실험에 거의 영향을 미치지 않기 때문이다. 관찰자 효과, 즉 표본의 자연스러운 행위에 관찰의 영향이나 인적 오류human error가 생기는 일을 최소화하고 싶었다.

합의된 행동을 이해하고 모델화하면서 나는 군중이 어떻게 행동할지 확신할 수 있었고, 점차 모여있는 수많은 사람의 존재에서 느끼는 선천적인 공포를 어느 정도 해소하게 되었다. 내 불안은 행복의 파도에 밀려나기 시작했고, 이전에는 외부에 발을 내디딜 때마다 엄습하던 연쇄 공격에서 해방되었다. 이제 나는 툭하면 멜트다운으로 이어졌던 상황을 헤쳐나갈 나침반과 지도를 갖고 있다. 브라운 운동은 내게 안전하게 인파 사이를 뚫고 나갈 수 있다는 확신을 주었다. 나는 내가 갈 길을 계획할 수 있다.

집단과 개성

집단에 관한 연구가 내게 순응을 가르쳤지만, 배운 내용 중 훨씬 더 중요한 것은 개성이다. 계의 모델링은 합의된 행동의 존재를 입증할 수 있지만, 그것이 결코 인간이 균일하다는 뜻은 아니다. 사실 가장 비논리적인 인간의 신념 중 하나가 무슨 일을 할 때 이성적인 혹은 정상적인 방법이 있다고 믿는 것이다. 만약 당신이 자폐스펙트럼장애가 있다면 사람들이 들먹이는 '정상'이 대개 공포나 편견을 감싼 얇은 베일이라는 사실을 금세 깨달을 것이다.

집단을 다른 렌즈로 들여다보면 개인행동에 뚜렷이 구별되는 패턴이 나타나듯 합의에도 상당한 수준의 다양성이 존재한다는 점을 알 수 있다. 이 지점에서 장기간의 동역학계 연구에 활용되는 수학적 개념인 에르고딕 이론ergodic theory이 우리를 도울 수 있다. 에르고딕 이론에 따르면 특정 계에서 통계적으로 유의미한 표본은 전체의 평균적인 특성을 나타내는데, 이는 이론적으로 특정한 미시적 상태는 무엇이든 간에 계의 어느 곳에서나 일어날 수 있기 때문이다. 계의 어느 부분의 상태가 다르다면 우리가 현재 관찰하는 부분의 상태도 비슷할 것이며, 그 이상도 이하도 아니다. 다시 말하면 적절한 규모의 확률적인, 즉 무작위의 과정에서 충분히 오랜 시간 관찰한다면, 내 '평균'은 당신의 '평균'과 마찬가지 의미를 가질 것이다.

어릴 때 나를 매혹했던 먼지구름을 생각해보자. 한 입자는 실제로 순응과 무작위성 모두에서 평균적인 행동을 나타내는 전체 계를 시사하는 축소판이다. 계의 평생이라는 측면에서 보면 입자는 주류 집단보다 이상치가 되는 것이 평균에 더 가깝다. 공간과 시간을 초월해서 입자의 행동을 추적하는 한, 이 입자가 움직이는 범위는 항상 전체를 대표할 것이다. 마찬가지로, 외부인 취급을 받았던 적이 있는 사람은 모두 어떤 면에서는 전형적인 측면을 가지고 있으며, 어쩌면 한 번도 만나지 못한 공동체의 대표성을 띨 수도 있다. 이 사실이 드러나지 않는 이유는 개인 영역과 사회 영역이 협소하기 때문이다. 전체 계를 볼 수 있다고 우기지만 사실 우리는 아주 작은 부분집합만을 흘낏 스쳐볼 뿐이며, 그 결과 평균적인 행동과 '정상 상태'에 관한 잘못된 결론으로 이끌려 간다.

에르고딕 이론 연구에는 어떤 계가 기준을 충족하고 충족하지 못하는지를 탐색하는 분파가 여러 개 있다. 하지만 꼭 이해해야 할 중요한 핵심은 다음과 같다. 충분히 큰 집단에서, 전철을 타는 사람이나 길을 건너는 사람, 해변에 수건을 깔아놓은 사람은 결국 같은 계의 같은 시간, 다른 지점에서 타인의 평균적인 행동을 보여준다.

이 점을 생각해 본 뒤, 당신의 표본을 구성하는 개인을 생각해보자. 온갖 모습과 크기, 인종과 젠더, 신경전형성과 신경다양성, 정신 및 신체 질병이 있거나 없는 사람들이 존재할 것이다. 이 평균의 단면은 우리 모두를, 즉 우리의 모든 괴이하고 놀라운 다양성을 담고 있다. 당신은 내가 미쳤다고 생각할지도 모르지만(당연히 그럴 수 있다) 나는 당신만큼이나 유의미한 표본의 일부다. 합의된 방향으로 움직이는 전체 계는 개인 간의 모든 변동성을 포함한다. 우리가 근본적으로 같은 일을 하려 노력해도, 다양한 행동을 전체 평균에 욱여넣으려 해도, 우리의 차이점은 강렬하고 명확하다.

인간 행동이라는 측면에서 볼 때 군중은 두 배로 아이러니하다. 멀리서 볼 때는 균일한 집단을 보며 전체를 이루는 개인을 간과하기 쉽다. 그러나 가까이서 보면, 즉 군중의 열기와 소음 속에 서 있으면 우리는 오직 개인만을 보며 개인이 창조하는 집단적인 움직임은 보지 못한다. 차이를 공헌 요인이 아니라 문젯거리로 바라보면, 그리고 개인에 의존하는 합의된 행동이 개인을 능가한다고 추정하면, 결과적으로 우리의 가정은 쉽게 뒤집힐 수 있다.

나는 에르고딕성(어떤 동역학계의 궤적이 거의 항상 공간 전체를 빽빽하게 채우는 성질−옮긴이)을 배우면서, 고정관념에 대한 인간의 집착이 매우 해로운 인간 특성의 하나라는 점을 알 수 있었다. 우리는 상세한 추측과 기대로 나눈 별개의 상자에 사람들을 분류해 넣으려고 달려들며, 때로 이 상자들은 부정적인 꼬리표를 달고 있다. 그리고 이런 차이점을 사회적·문화적 무기로서 강조하며 인위적인 분류를 이용해 사람들을 악마 취급한다. 에르고딕 이론은 우리가 모두 하나의 범주, 바로 인간이라는 종에 속한다는 사실을 상기시킨다. 우리는 이 큼직한 상자 안에서 합의와 인간 존재의 정수인 개성의 섬세한 균형을 존중하면서 우리의 유사점과 차이점을 생각해야 한다. 그와 다른 방식은 어떤 것이든 인간만큼이나 과학에도 무례한 시도가 될 것이다.

분열과 차별을 강화하는 그릇된 교훈을 끌어내기는 너무나 쉽다. 따라서 우리를 온전하게 만드는 것은 개성의 총합이며, 전반적인 합의는 규칙을 지키는 사람뿐만 아니라 지키지 않는 사람에게도 달려있다는 올바른 교훈을 널리 퍼뜨리는 일이 매우 중요하다. 우리에게는 평균에서 벗어나 누구도 하지 않았던 생각을 하고 아무도 가지 않았던 곳을 탐험하는 사람들이 필요하다. 생기를 되찾고 전반적인 합의에 도전해 그것을 확장할 아웃라이어가 없다면 주류는 시들어버릴 것이다. 누구에게나, 심지어 '힙스터'에게조차 맡은 역할이 있다.

이런 방식으로 다양성을 수용하는 일은 수 세기에 걸쳐 진화해 온 인간의 생존에 꼭 필요하다. 이 원칙은 우리의 몸에도 적용된다. 암세포는 빠르게 성장하기 위해 돌연변이 아웃라이어에 의존한다. 암세포를 치료하기 힘든 이유가 바로 이 곁가지들, 서브클론subclones 때문인데, 이들은 암세포가 다양한 시나리오에 적응하고 공격에 역동적으로 대응하게 돕는다. 암의 구조적 다양성은 암세포에 선택권을 부여하며, 이는 결국 인류에게도 마찬가지다. 인류가 방관자 효과로 나타나는 정체 현상을 피해 진화하려면 아웃라이어에게 의존해야 한다. 정체가 일어나면 사람들은 아무 생각 없이 서로를 모방하고 누구도 도움이 필요한 사람을 돕지 않는다.

에르고딕성은 내게는 너무나 중요하다. 섬처럼 고립되었다고 느끼며 자란 사람으로서, 나는 다른 해안까지 닿는 다리를 짓기는커녕 그곳을 어렴풋이 훔쳐보는 데까지도 오랜 시간이 걸렸다. 내 삶에서 군중의 역학을 처음부터 모델화해야 했다. 사회적 뉘앙스도, 대부분 사람이 선택한 길을 본능적으로 알려주는 '이론'도 전혀 몰랐다. 그러나 이토록 괴이한 나조차도 총체적인 계의 일부가 되어야 함을 물리학과 확률이 알려주었을 때, 나는 다른 각도에서 나 자신을 볼 수 있었다. 나는 내가 세계에서 가장 강력하고 아름다운 계의 일부분이며, 하나의 종으로서 인간이 진화하는 목적인 생존을 충족하도록 돕는 계에 연결되었다는 사실을 안다.

다른 사람과 연대감을 느끼지 못했던 나는 이런 깨달음 덕분에 친구 및 가족과의 공감이라는 유대감을 발달시킬 수 있었다. 정신질환으로 괴로워하고, 고립감과 이질감을 느끼고, 동료의 편견에 시달렸던 모든 극단적인 경험이 나와 타인 사이의 방해물이 아니라 더 굳게 연결해주는 촉매이며, 나와 타인이 사는 다른 우주 사이의 웜홀이라는 점을 이제는 이해하기 때문이다. 나는 막다른 상황에 부닥친 타인에게 폭넓게 공감할 수 있으며, 이는 내 모든 경험과 그 결과를 바탕으로 내가 건넬 수 있는 조언 덕분이다. 나는 내가 그 모든 상황을 겪었다는 사실을 알고 있으며, 그 점이 어려움을 겪는 내 삶 속 타인과 나를 연결해준다. 나는 말 그대로 그들의 상황에 처한 나 자신을 상상할 수 있다. 신경발달장애가 있거나 정신 질환을 앓는 사람 누구에게든 물어보라. 끝없는 인내와 타고난 적응력은 우리의 품질 보증 마크다. 자폐스펙트럼장애와 ADHD는 모든 면에서 나의 이학박사 학위만큼이나 중요한 자격증이다.

공감은 균형 잡힌 행동이어야 한다. 너무 깊이 공감하면 우리의 노력을 타인의 욕구라는 제단에 희생물로 바칠 위험이 있기 때문이다. 당신이 자신의 시간과 우선순위를 지키려 노력하는 것뿐인데도 스스로 이기적이라고 생각하게 만들려는 사람도 있다. 내 섬과 다른 섬을 연결하는 다리를 놓고는 싶지만, 그렇다고 해서 언제든 자기가 필요할 때 다리를 건너오는 모든 사람에게 대응할 수 있다는 뜻은 아니다. 그러나 공감을 경험하기 시작한 후, 공감은 내게 거의 마약과도 같았다. 너무나 오래 경험해보지 못했던 것이어서, 마치 수년 동안 빛을 못 보거나 음식을 먹지 못했던 사람처럼 기회가 닿을 때마다 달려들었다. 여러 해 동안 나는 내가 사랑받고 있다는 사실을 증명하기 위해 사람들과의 연대감을 동경해왔다. 누군가는 미쳤거나 비정상이라고 생각하겠지만 나 같은 사람들은 실제로 상대방을 예단하지 않으며, 이런 면에서 당신이 만날 수 있는 가장 좋은 사람 중 한 명이다. 그래서 나는 공감을 고통스러운 행복이라고 생각한다. 때로는 지옥처럼 괴롭지만 다른 감정이나 경험이 따라 할 수 없는 것이기 때문이다.

따라서 보통 내가 잠들어 있을 오후 10시 55분에 전화가 울리면, 나는 내 안의 악마는 잠들게 놔두고 다가올 내일을 향한 열망을 뛰어넘어 벌떡 일어나 전화를 받는다. 내 친구의 세상이 허물어지고 있다는 사실을 알기에 가장 평화로운 장소에서 나는 걸어 나온다. 여러 번 비슷한 경험을 하며 무너지는 세상에서 살아본 경험이 있기에 나는 친구를 도울 수 있다. 이후 두세 시간이 지나면 친구의 목소리에 빛이 스며드는 것을 들을 수 있다. 내게는 세상에서 가장 위대한 감정이다. 내가 겪어왔던 모든 고통스러운 경험이 가치 있는 보물이 되고, 내가 배운 교훈이 타인과 나를 연결해주는 공감의 화폐가 된다. 한때 나와 인류의 양립할 수 없는 차이점이라고 생각했던 것들이 이제는 내 섬과 다른 사람의 섬을 잇는 도구가 되었다.

에르고딕성은 외로움, 다름, 고립감, 비정상이라는 감정을 느끼는 사람을 위한 수학 이론이다. 통계학은 당신의 개성이 타인의 개성만큼 중요하다고 말해준다. 인류가 하나의 종으로서 진화하고 생존하는 데 필요한 괴이하고도 경이로운 다양성의 일부다.

우리의 삶에서 개성과 순응은 대등한, 때로는 정반대의 힘을 행사한다. 주목받고 싶은 욕망과 소속되고 싶은 욕구는 우리 모두에게 공존하는 충동이다. 우리는 집단이라는 맥락에서만 생존하고 번영할 수 있는 개인이다.

20년 넘게 집단을 연구한 결과는 모두 명확한 결론으로 이어졌다. 이것은 맞서 싸우기보다는 수용해야 할 이중성이다. 나와 우리 사이에서 균형을 창조하려는 난투에서 궁극적인 승리자는 존재하지 않는다. 개인과 집단 모두 우리 삶에서 맡은 본질적인 역할이 있으므로 둘 다 존중되어야 한다. 개인도 집단도 우리에게 중요한 것을 제공한다.

한술 더 떠서, 둘 중 어느 쪽도 사라지지 않는다. 개인의 성격과 특징은 아무리 바꾸려 해도 항상 그 안에 존재할 것이다. 동시에 개인으로서 자기 자신 속으로 후퇴하더라도 세상이 사라지지는 않는다. 아무리 자신만의 섬에서 살려고 노력해도 완벽하게 독립적인 삶 따위는 존재하지 않는다. 우리에게는 집단을 통해서만 충족할 수 있는 감정적이며 실질적인 욕구가 있다. 어느 시점에는 고독을 수용한 사람조차도 자신의 해변을 떠나야 하며, 그러지 않으면 우리의 고독한 노력과 비교할 대상이 없을 것이다. (그리고 만약 떠나는 것이 내키지 않는다면, 오히려 목적지를 즐길 가능성이 훨씬 더 크다.)

어린 시절 나는 다른 어떤 것보다 집 밖으로 나가는 일을 가장 두려워했다. 엄마는 나를 데리고 외출하는 일이 서커스 공연 같았다고 말하곤 했다. 내가 무서워하는 접촉, 소리, 소음과 냄새를 피하려고 몸을 뒤틀었기 때문이다. 군중은 여전히 나를 불안하고 겁먹게 하지만, 그래도 군중을 연구한 것은 내게 가장 중요하고 유익한 실험이었다. 그 실험 덕분에 개성이 전부는 아니지만 동시에 부정하거나 부끄러워할 필요도 없다는 걸 깨달았다. 나는 나로서 존재하며 내 개성을 지키는 동시에 내가 기여하고 혜택받을 수 있는 더 넓은 세상의 일부가 될 수 있다. 집단에 참여하는 일은 내가 나로서 존재하는 것을 막지 않으며, 실제로는 내 존재와 경험, 내가 제공해야 할 것을 최대한 활용하게 한다. 약간의 순응은 내 개성을 훼손하지 않았으며, 오히려 깊이를 만들어주었다.

내가 군중을 분석하려고 시도한 것은 수많은 사람에게 대응해야 했기 때문이다. 그 과정에서 나는 다른 사람들 속에서 살아남는 일 이상을 할 수 있다는 점을 배웠다. 나도 타인과 연결되어 독특한 것을 제공할 수 있다. 그리고 이는 우리 모두에게 진실이다.

CHAPTER 7

목표를 이루는 법

양자물리학, 네트워크이론과 목표 설정

첫 실연이었다. 나는 여덟 살이었고, 아빠가 해주는 볶음국수를 제외하면 그는 내가 가장 깊은 연대감을 느끼던 대상이었다. 과학계에서 꽤 유명했으니, 당신도 그를 기억할 것이다. 바로 스티븐 호킹이다.

내 생애 가장 위대한 물리학자를 향한 어린 시절의 영웅 숭배를 과장하기는 어려울 것이다. 나는 식사하는 방식부터 창문을 내다보거나 의자에 앉는 자세까지 그를 흉내 냈고, 연극 수업에서 그를 영웅으로 선택해 모방하는 지경에 이르렀다. 말했다시피, 나는 호킹 박사에게 정말 깊이 빠져있었다.

하지만 내 영웅은 나를 실망시키고 혼란스럽게 했으며, 결국 속상하게 했다. 나는 그의 가장 유명한 책인 《짧고 쉽게 쓴 '시간의 역사'》, 그중에서도 시간과 공간을 설명한 2장을 읽고 있었다. 여기서 그는 시간과 공간에 대한 생각이 어떻게 바뀌어왔는지 설명했다. 시간과 공간이 변하지 않는 독립체라는 역사적인 믿음은, 그것이 역동적이며 대상에 영향을 미치는 동시에 스스로 영향을 받기도 한다는 생각으로 바뀌었다. 시간과 공간은 고정된 것도 아니고, 무한한 것도 아니며, 서로 독립적인 것도 아니다. 우주를 이해하려면 우리는 이들을 합쳐서 4차원, 즉 공간을 나타내는 세 축과 시간을 나타내는 한 축으로 시각화해야 한다.

호킹 박사는 '시공spacetime'이라는 개념을 시각화할 때 광원뿔light cone 이미지를 활용해 과거와 미래의 사건이 어떻게 연결되는지 보여주었다. 빛은 발산될 때 연못의 물결처럼 퍼져나가면서 원뿔 형태를 형성한다. 빛의 속도보다 빠른 것은 없으므로 (과거에) 기여하

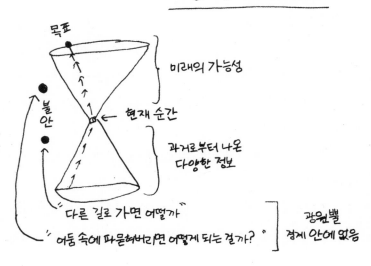

호킹 박사의 광원뿔

목표

미래의 가능성

현재 순간

불안

과거로부터 나온 다양한 정보

"다른 길로 가면 어떨까"

"어둠 속에 파묻혀버리면 어떻게 되는 걸까?"

광원뿔 경계 안에 없음

거나(미래에서) 시작된 현재 순간의 모든 사건은 이 원뿔 안에서 빛의 속도나 그보다 느린 속도로 일어나야만 한다.

호킹은 원뿔 밖에서 일어나는 사건은 다른 곳에 있다고 말한다. 따라서 그 사건들은 현재를 바꿀 수 없고 현재에 의해 바뀔 수도 없다. 이를 설명하기 위해 호킹은 어느 날 갑자기 태양이 죽는다는 시나리오를 얘기했다. 이 사건은 과거의 광원뿔에서 일어나지 않았고, 태양에서 지구까지 빛이 도착하려면 8분이 걸리기 때문에 현재에 영향을 미치지 않는다. 오직 이 지점에서만, 미래의 광원뿔까지의 어느 정도 거리에서만 이 사건이 우리의 현실과 교차하고 현실을 변화시킨다. 우리는 사건이 실제로 일어났을 때가 아니라 우리의 의식을 가로지르기 시작한 순간에 그 사실을 인정한다.

이 이야기를 처음 읽었을 때는 내가 탐색하고 활용할 새로운 개념을 접했을 때 언제나 치밀어오르던 흥분을 느낄 수 없었다. 나는 내 세상을 환히 밝혀주고 설명해주는 과학에 익숙했다. 그런데 이제 나는 내 비전과 충돌하는 냉랭하고 도식적인 현실의 비전과 마주쳤다. 여기, 수량화할 수 있는 고정된 독립체이자 실선으로 그려진 미래가 있었다. 반면에 내 비전은 불안정한 경계선, 서로 뒤얽힌 결과, 변화할 가능성이 전부였다. 이 부조화는 갑자기 열쇠가 현관문에 맞지 않는다는 사실을 발견한 것과 같았다. 편안하고 흥미롭게 느끼는 대신, 질식할 것 같았고 불안감이 엄습했다. 내 미래의 비전에 먹칠이 된 것 같았다. 이 모델에서는 시간의 경계선 너머에서 대체 무슨 일이 일어나는 걸까? 내가 원뿔 밖에서 멈춰버린 채

빛에 가려져 파묻혀 버리면 어떻게 되는 걸까?

정말 무서웠지만, 충격적인 순간이기도 했다. 다른 사람의 책이나 이론에서 내게 필요한 과학 지식을 모두 얻을 수 없다는 사실을 깨달은 순간이었다. 세상을 이해하려면 내 개인적인 관점을 활용해야만 했다. 바로 이때부터 현실을 경험할 때마다 내가 배운 것과 현실을 결합해 나의 언어로 기록하기 시작했다. 이 기록이 어떤 쓰임이 있을지 알 수 없었지만 옳은 일이고 꼭 필요한 일이라고 생각했다. 그 기록은 책이 되어 지금 당신의 손에 들려있다.

또한 여행을 시작하는 데 이보다 더 중요한 주제는 없었을 것이다. 과거가 어떻게 우리를 형성해 나가는지, 우리는 현재를 어떻게 경험하는지, 우리의 미래를 어떻게 만들 수 있을지 생각하는 것은 매우 본질적인 문제다.

우리는 모두 우리에게 일어난 일을 통해 배우고 다음에 일어날 일을 바꿀 방법을 찾는다. 우리는 확실성을 원하지만 기회도 원한다. 미래가 안전하다고 느끼기를 바라지만 동시에 가능성에 고무되기를 바란다. 우리가 영향력을 행사하지 못하는 것이 있음을 인정하면서, 그럼에도 우리가 바꿀 수 있는 것이 무엇인지 알고 싶어한다. 우리는 목표를 설정하고, 판단에 따른 결정을 내리고, 우선순위를 미세하게 조정하는 더 나은 방법을 바란다. 미래를 효율적으로 계획할 도구뿐만 아니라 현재를 살아가는 방법도 필요하다.

다행히 이런 질문은 잠들지 못해 깨어있는 밤이나, 올해 목표와 다짐을 적는 새해 아침에만 고민하는 질문이 아니다. 이론물리학은 우리를 위해 어려운 부분을 상당히 많이 해결했다. 이론물리학은 삶의 사건을 시각화해서 앞으로 나아갈 길을 계획하고 원하는 결과를 얻는 가능성을 극대화하는 방법을 알려준다. 심지어 더 좋은 점은 내가 여덟 살의 나를 안심시켰듯이, 이론물리학이 알려주는 방법은 이진법 모델과 냉혹한 광원뿔의 경계선에 의존하지 않는다는 것이다. 이 장에서 소개할 개념인 네트워크이론, 토폴로지, 경사하강법을 활용하면 인간만큼이나 유연하고 변하기 쉬운 삶을 계획할 수 있다. 그리고 그에 따라 목표를 설정할 수 있다.

위대한 질문: 지금 아니면 나중?

아마도 삶의 계획과 목표를 세울 때 마주하는 가장 중요한 질문은 '무엇에 집중할까?'일 것이다. 현재와 미래, 어느 쪽에 집중해야 할까? 지금 느낄 만족감인가, 아니면 뒤로 미룰 기쁨인가? 끊임없이 장기 계획을 세우느라 현재의 삶을 즐기지 못하는가? 아니면 현재에 너무나 집중한 나머지 다가올 미래를 제대로 준비하지 못하는가?

모든 것을 가질 수는 없을까? 현재에도 행복하고 미래도 이상적으로 계획할 수 있을까?

이 딜레마를 두고 너무 고심하느라 걱정한 적이 있다면, 양자역학이 당신을 안심시켜줄 것이다. 양자역학은 우리가 아는 한 가장 작은 입자인 아원자입자(원자보다 더 작은 입자-옮긴이)를 연구하는 이론물리학의 한 분야다. 하이젠베르크의 불확정성 원리는 아원자입자의 위치를 더 정확하게 측정할수록 입자의 운동량을 측정하기는 더 어려워진다고 우리에게 말한다. 역의 명제도 똑같이 적용된다. 다시 말하면 물리학은 우리에게 위치와 운동 속도를 동시에 정확하게 측정할 수 없다고 말해준다. 한쪽에 집중할수록 다른 쪽의 측정은 부정확해진다.

어디서 들어본 것 같은가? 하이젠베르크는 양자입자에 관해 썼겠지만, 같은 원리가 거시 세계인 우리의 일상에도 적용되는 듯하다. 정밀 측정 장비에도 한계가 있듯이, 집중하고 우선순위를 매기는 우리의 능력도 마찬가지다. 훌륭한 파티를 주최하는 동시에 파티를 즐길 수는 없다. 파티에 대해 고민하든지 파티를 즐기든지, 재미있는 시간을 보내든지 다른 사람들은 어떤지 걱정하든지 둘 중 하나다. 하나를 하면 다른 하나를 하는 능력이 억제된다. 특히 나처럼 '재미있게 노는 법'을 준비하려고 구글에 검색해야 한다면 말이다.

이는 성인의 딜레마로, 우리는 끊임없이 모순되는 두 개의 욕구를 인식한다. 현재를 즐기거나, 미래를 계획하거나. 동시에 두 가지 모두 챙기려는 욕망은 둘 중 하나를 적절하게 성취할 능력을 조금씩 갉아먹는다. 우리는 앞으로 무엇이 다가올지 걱정하느라 현재를 즐기지 못하거나, 너무나 즐겁게 지내느라 미래를 대비할 여유를 갖지 못한다. 정보 중심의 연구에 기반을 둔 삶을 즐기는 나조차, 그저 배움을 멈추고 세계에 무지한 채 행복에 젖어 진실로 순간을 살아가는 아이로 되돌아가고 싶을 때가 있다.

나는 성실한 연구자이지만 그와 동시에 내 일부는 콘월에서 가족 휴가를 보내던 때, 내 삶에서 가장 자유롭고 구속받지 않았던 그때로 돌아가기를 소망한다. 콘월로 향하던 자동차 여행조차 즐거운 사건이었다. 세 시간 동안 차를 타고, 감자 칩 두 봉지를 먹었으며, 아이 스파이 게임(카드게임의 일종 – 옮긴이)을 열다섯 번이나 한 뒤라, 우리의 기대감은 절정에 이르렀다. 자동차가 타마교Tamar bridge를 건널 때 데번주에서 콘월주로 건너가는 것을 기념이라도 하듯 차 뒷좌석에서 우리는 열광적으로 환호했다. "콘월에 왔어… 지금!" 주 경계를 뒤로하자, 일주일간의 코니시 패스티(콘월 지방에서 먹는 고기나 채소를 채워 넣은 반달 모양의 파이 – 옮긴이), 해안가 작은 바위 웅덩이에서의 낚시, 패드스토 여행을 가로막는 건 아무것도 없었다.

이것은 가장 행복하고 찬란한 기억 중 하나이며, 의구심 없이 나 자신을 즐길 줄 알았던 시기와 장소다. 아빠와 부엌에서 생선을 요리하거나 정원에서 놀고, 마음 가는 대로 수많은 모래성을 만들고, 멋지고 다채로운 색상의 수영복을 입은 채 루 해변의 '밀리의 바위'에 앉아있기도 했다. 일곱 살에는 체크무늬를 좋아했고, 엄마의 푸른색 덴마크산 그릇으로 영화의 한 장면을 재현하거나 나를 두근거리게 하는 남성과의 미래를 상상하는 것도 좋아했다. 물론 그 남성은 스티븐 호킹이었다. 모든 기억의 색, 맛, 냄새가 20년이 지난 지금도 생생하게 내 마음에 남아있다. 타인이 어떻게 생각하든 개의치 않고 무엇이든 내가 원하는 것을 했던 시절, 즐거운 삶이었다.

온갖 취미가 뒤섞인 이 주머니는 무작위였을 수도 있고 일정한 형태가 없어 보이기도 하지만, 모두 과거의 광원뿔을 형성하는 일부로서 지금 여기까지 나를 이끌어왔다. 내 흥미와 독자성, 개성을 강화하는 경험의 축적이다. 이 기억들은 대세에서 나만 소외되리라는 두려움이나 다음에 무슨 일이 일어날지에 관한 걱정이 없었던 때를 상기시킨다.

아이일 때는 시간이 무한하고 심지어 지루하다고 생각한다. 그 시절의 시간은 우리의 눈이나 손을 붙잡아둘 수 있는, 재미있고 다채로우며 흥미로운 것들로 채워야 한다. 성인이 되면 시간은 통화, 즉 측정해서 한곳에 모아놓고 엄중하게 지켜야 하는 대상이 된다. 학위 과정을 밟는 동안에는 휴식을 취할 여유가 거의 없었다. 기말 시험을 준비해야 했고, 그 외에 원서 접수 마감일도 맞춰야 했으며, 앞으로의 계획도 세워야 했다. 내 삶은 끝없는 투두 리스트로 채워진 것 같았고, 시간적 여유나 선택의 여지를 남겨주지 않은 채 다음 사건으로 재촉하며 나를 몰아갔다. 이런 상황에서는 단순히 나 자신으로서 존재하고 즐길 현재의 순간을 찾는다는 것이 아무리 그럴 수 있다 하더라도 거의 죄를 짓는 기분이었다. 당시 나는 자동조종장치가 조종하는 대로 살았고, 감정을 마비시켰으며, 내 안의 어린아이가 갈망했던 탐구와 즐거움을 부정했다. 콘월 해변의 백일몽을 꿀 때면 학업에, 다음 시간의 계획에 집중하라는 목소리가 들려와 방해했다. 여기에는 휴식에 할당한 계획도 포함되었다. 도망치려고 하면 그 목소리가 의과학 도서관으로 돌아가라고, 바위 웅덩이에서 나와 에어컨이 돌아가고 리튬 불빛이 빛나는 복도로 돌아가라고 계속 명령했다.

균형을 잡으려 노력하던 나는 시간과 공간을 이동하는 파동을 연구하는 또 다른 양자역학 분야에서 영감을 받았다. 이는 전통적인 하이젠베르크 문제, 즉 특정 순간에는 파동의 운동량이나 파동의 위치 둘 중 하나만 정확하게 기술할 수 있다는 문제를 가리킨다. 양손 손가락을 동시에 마주 대려 해보라. 자꾸 어긋나서 쉽지 않을 것이다. 이 문제를 해결하기 위해 우리는 확률파동wave packet이라는 것을 만들었다. 확률파동은 수많은 다양한 파동을 합성해서 시각화한 것으로, 과학자들은 파동들이 나타내는 총체적 행동을 연구한다. 하나의 파동은 분명하게 정의하기 힘들지만, 여러 파동 '뭉치packet'는 더 효율적으로 연구할 수 있다. 목표를 설정하고 삶의 계획을 세우는 일도 크게 다르지 않다. 따로 떼어놓고 보면 하나하나의 결정이나 목표가 올바른지 알기 힘들다. 이럴 때는 큰 그림과 맥락, 즉 전체 '뭉치'를 살펴야 지금 이 순간뿐만 아니라 미래 전체의 최상의 결과와 비교해서 우리가 가능한 최고의 선택을 하는지 알수 있다.

가상의 확률파동을 만들면서 나는 삶을 숙고하는 두 가지 사고방식이 이루는 또 다른 균형에 부딪혀야 했다. 모멘텀 사고momentum thinking는 시간에 따라 살면서 한 시간에서 다른 시간으로 옮겨 가

수렴하는
위치

도록 하며, 이 사고에 따르면 행복은 우리가 성취하고 계획한 것으로 정의된다(즉, 책임이라는 어른의 세계다). 반면, 포지션 사고position thinking는 현재를 살면서 현재 순간과 현재가 주는 느낌에 사로잡혀 다른 모든 것을 차단하고 그저 존재하게 하는데, 여기에는 죄책감까지 따른다. 포지션 사고를 받아들이기는 매우 힘든데, 그것이 '제대로 된 어른'이 되려면 해야 한다고 들어왔던 것과 완전히 어긋나

포지션 사고

"무엇을 위해 사는가"

기 때문이다. 그러나 이 역시도 꼭 필요하다. 가만히 서 있다고 해서 멈춰있다는 뜻은 아니다. 오히려 더 창의적이고, 현재 거치는 과정을 재평가하며, 감각의 힘을 통해 살아가고, 미래를 위해 더 많은 가능성을 탐색한다.

나이 들수록 포지션 사고를 수용하기는 더 어렵지만 그래도 여전히 가능하다. 나는 요가를 할 때면 포지션 사고에 빠져든다. 소음도 없고, 자세를 유지하는 일에만 집중하며, 다른 모든 생각과 걱정을 소멸시킬 기회로서 귀중한 마음의 공간을 창조한다. 요가 수업은 끝날 때 사바아사나(송장 자세)로 마무리하는데, 너무 힘들어서 다른 생각이 끼어들 틈이 없다. 가끔은 요가 매트 위에 누워 낮잠이 들기도 한다. 그러나 이 희귀한 축복의 순간은 공짜로 생기지 않는다. 다음 날 아침 나는 언제나 슬퍼진다. 미래에 관한 생각과 걱정이 다시 내 마음을 현재의 조화로움에서 끌어내면서 이전보다 오히려 더 거칠어진다. 때로는 스스로 벌하는 지경에 이르기도 하며, 음식을 먹지 않거나 '건설적인' 일을 하는 사교 모임을 취소하기도 한다. 이럴 때 나는 정말 멍청이가 되는데, 주요 희생자는 바로 나다.

다음에 무엇을 할지 집착하고 거의 삶의 모든 순간에 끼어들며 현재 이 순간의 즐거움을 부정하는 모멘텀 사고의 연결 고리를 끊을 방법이 필요했다. 나는 명확한 미래에 대한 끊임없는 욕구를 희생하지 않으면서도 순간을 살아가는 능력을 회복하고 싶었다. 그래서 2013년, 변화가 사회적으로 수용되는 시기인 사순절(부활절

모멘텀 사고

모멘텀 → ㄱ
위치 / 포지션

" 우리가 계획하는 것 "

] 단일 파장의 속도

전 40일 동안의 기간. 단식을 하기도 한다-옮긴이) 직전에 특별한 팬케이크 한 접시를 먹으며 실험을 개시했다. 40일의 밤과 낮을 둘로 나누어서 절반은 모멘텀 사고를 하며 세상을 살았다. 완벽하고 엄격하게 해야 할 일을 확인하고 모든 우선 사항을 처리했다. 나머지 절반은 포지션 사고를 하며 살았다. 모든 순간을 즐기고 미래에 관한 생각은 전혀 하지 않았다.

이제 당신은 아마 이 계획이 잘되지 않았으리라고 짐작할 만큼은 나를 잘 알 것이다. 지금의 나를 만든, 지극히 중요하지만 실패한 또 하나의 실험이었다. 실험하면서도 현재의 즐거움이든 미래의 명확성이든, 실험을 침식하는 무엇인가를 놓치고 있다는 생각을 멈출 수 없었다. 파티를 열고도 파티가 끝난 해야 할 설거지 생각을 멈출 수 없었다. 나는 과정을 관찰하는 것만으로도 관찰자가 근본적으로 결과에 영향을 미치고 결과를 바꿀 수 있다는 또 다른 양자역학 교리, 즉 관찰자 효과의 희생자가 되었던 것이다. 이를 설명할 때 가장 많이 드는 예시로는 현미경으로 전자를 관찰하는 사례가 있다. 관찰자가 광자를 투사하는 데 의존하면 이 행위가 광자의 운동 방향을 바꿀 것이다. 이처럼 내가 내 실험을 관찰하는 행위는 당연히 결과를 왜곡했다. 나는 무엇을 빠뜨렸는지 생각하느라 너무 바빠서 그 순간의 나를 즐길 수가 없었다.

실패한 실험 덕분에 나는 포지션 사고와 모멘텀 사고, 현재와 미래 사이의 어디쯤에서 타협할 수 있었다. 평범한 날의 각기 다른 순간에, 나는 바로 그 특정 순간에 내게 가장 필요한 사고로 전환되기를 바라면서 두 사고 사이를 반복해서 왔다 갔다 할 것이다. 나는 지금 당장 모든 것을 원하며 시간이라는 개념 자체가 없는 ADHD와 싸우면서, 현재를 사는 것과 미래를 계획하는 것 사이에서 적당히 춤출 것이다. 불확정성의 원리를 알기만 해도 올바른 균형을 이루는 데 도움이 된다. 내가 발견했듯이 이 둘을 완벽하게 구분하기란 불가능하지만, 그저 이 둘이 양립할 수 없다는 사실을 수용하는 것만으로도 자유로워질 수 있다. 지금 하지 않는 일을 할 시간이 나중에 있을 것이며, 오후에 햇볕을 쬐면서, 혹은 모두가 밖에서 즐기는 동안 안에서 계획을 세우면서 죄책감을 느끼지 않아야 한다는 점을 깨달으면, 우리가 하지 않는 일에 대한 걱정을 덜 수 있다.

그러나 현재를 사는 것과 미래를 계획하는 것이 다르다는 사실을 인식하고 두 사고방식이 정확히 맞물리게 노력하는 것만으로는 충분하지 않다. 현재와 미래가 어떻게 연결되는지 시각화할 방법도 필요하다. 그러면 목표를 설정하는 방법을 명확하게 선택하고 우리의 여행 속도에 안심할 수 있을 것이다. 바로 여기서, 내 삶에서 가장 신뢰하는 동맹인 네트워크이론이 진가를 발휘한다.

네트워크이론과 토폴로지

《짧고 쉽게 쓴 '시간의 역사'》를 읽은 후, 나는 광원뿔의 고정된 경계선보다 내 요구를 더 잘 충족해줄 예측 모델을 찾아 헤맸다. 나는 전통적인 인간의 모순, 즉 확실성에 대한 욕구와 정해진 한계에 대한 좌절감의 모순에 사로잡혔다. 다음에 무슨 일이 일어날지 모르는 것을 제외하면 내게 주어진 계획의 한계만큼 나를 놀라게 하는 것은 없다. 이런 두꺼운 직선을 필요에 따라 구부리고 주변을 탐색할 구불구불한 선으로 바꾸려면 유연성이 필요하다.

나는 집을 나서는 데만 다섯 시간이 걸리는 끝없는 준비의 필요성과, 오랜 시간 신중하게 생각해 온 것을 극심한 조바심이 폭발하는 순간 모두 파기해버리는 성향, 두 가지 측면 모두를 고려한 계획법이 필요했다. 이런 성향은 일종의 심리적인 뇌 정지 상태로, 오늘 하루가 레몬 셔벗과 비슷할 것으로 생각하는 순간, 바닐라 아이스크림과 더 비슷해지는 것과 같다. 현재와 미래를 조화시키려는 나의 하이젠베르크식 전투는, ADHD의 시간 왜곡과 나를 계속 바닥으로 짓누르는 정신 가속기 덕분에 더 치열해진다.

이 모든 것을 처리하는 데 네트워크이론이 나의 구원자가 되었다. 이 이론은 상당히 단순한 개념이다. 연결된 대상을 그래프로 나타내고, 총체적으로 형성되는 네트워크를 시각화하며, 이런 연결성이 우리에게 알려주는 것이 무엇인지 연구한다. 네트워크이론과 그래프 이론이라는 연관된 기술을 이용해서, 우리는 복잡하고 밀접하며 동적인 계를 분석할 수 있다.

네트워크는 대상이나 사람들이 연결된 연속체다. 당신과 친구, 이웃은 여러 사회적 네트워크로 연결되어 있다. 런던 지하철은 서로 다른 노선으로 연결된 정거장 네트워크다. 토스터 플러그 속에든 전기회로도 네트워크다. 와이파이와 무선 근거리통신망 일부에 연결된 채 여러분 옆에 놓여있을 스마트폰은 아마 현재 네트워크의 일부일 것이다. 인터넷은 그 자체가 물리적으로나 무선으로 연결된 컴퓨터들의 메가 네트워크로, 그를 통해 방대한 양의 자료가 움직인다.

물질세계에서 디지털 세계까지, 사회에서 과학까지, 네트워크는 어디에나 있다. 네트워크는 무형이지만 분명히 실재하는 구조이며, 우리가 수십 년에 걸쳐 경력을 쌓는 과정부터 지금 우리가 인터넷에 연결되는 방법까지, 모든 것에 영향을 미친다.

네트워크는 장기간 및 단기간의 삶을 계획하고 시각화하는 이상적인 방법을 제공하기도 한다. 우리는 너무나 많은 것에 영향받으며 사방으로 밀고 밀리므로, 미리 계획을 세우는 투두 리스트보다 더 복잡하고 반복적이며 적용하기 쉬운 모델이 필요하다. 네트워크이론이 바로 이것을 제공하며, 특히 토폴로지는 네트워크 구성 요소인 노드ᴺᵒᵈᵉ(컴퓨터과학의 기초 단위. 보통 네트워크에 연결된 하나의 기기를 뜻한다–옮긴이)가 연결되는 방식과 형성하는 구조를 알려준다. 토폴로지(네트워크의 요소들을 물리적으로 연결하는 방식–옮긴이)는 경직된 직선을 유동성 있는 가능성의 네트워크로 바꿔준다. 어둠 속에 감춰진 것을 밝은 곳으로 끌어내고, 정점에 이른 내 불안을 느슨하게 풀어준다. 한때는 유용했던 논리가 더는 쓸모 없을 때나, 싹트는 생각이 이제 번성할 준비가 되었을 때를 알아차리게 돕기도 한다.

토폴로지의 본질은 매우 중요하다. 여섯 개의 단추로 패턴을 만들 때, 당신은 선이나 원, V 자를 만들 수 있다. 토폴로지는 네트워크의 기능, 즉 역량과 한계를 결정한다. 우리가 살면서 의사 결정을 하고 우선순위를 설정할 때도 똑같은 일을 한다. 즉, 단기간 및 장기간의 결과를 결정할 유용한 증거와 선택을 패턴으로 배열한다.

미래의 삶을 거대한 하나의 네트워크로 생각해보면 이 네트워크의 노드는 사람부터 희망, 두려움, 목표까지, 무엇이든 될 수 있다. 이것은 내가 발견한 계획법 중에서 너무 단순하지도, 불편할 정도로 제한적이지도 않은 최고의 방법이다. 역동적이고 당신의 환경이 그렇듯 적응력이 있어서 유용하다. 게다가 무엇이 정말 중요하고 중요하지 않은지 알 수 있도록 도와주므로 명확하다. 또 연결성에 초점을 맞추므로, 연결된 노드를 확인하여 어떤 노드가 영향을 주고받는지 살피며 특정 경로가 어디로 이어질지 알려준다.

네트워크는 호킹이 알려준 대로 시간과 공간의 맥락에서 광원

내 광원뿔-접힘과 연결성을 근거로 운명의 지점을 찾는다

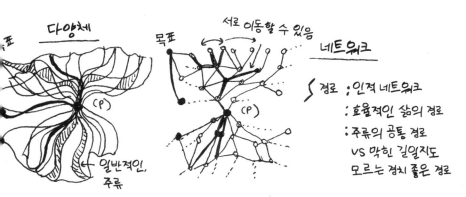

다양체

목표

서로 이동할 수 있음

네트워크

(P)

일반적인, 주류

경로 : 인적 네트워크
: 효율적인 삶의 경로
: 주류의 공통 경로
  VS 막힌 길일지도
  모르는 경치 좋은 경로

접히고 구부러질 수 있음 - 다양한 선택과 운명을 연결

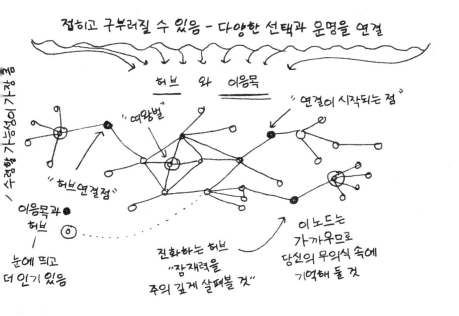

수렴할 가능성이 가장 높음

허브 와 이음목

"연결이 시작되는 점"

"여왕벌"

"허브연결점"

이음목과 허브

눈에 띄고 더 인기 있음

진화하는 허브 "잠재력을 주의 깊게 살펴볼 것"

이 노드는 가까우므로 당신의 무의식 속에 기억해 둘 것뿔의 궤도에 한정되지 않고 생각하게 해준다. 또 우리가 시간과 공간이라는 이중 캔버스에서 사람, 특정 목표, 삶의 단계 사이의 근접성과 거리를 탐색하게 돕는다. 어떤 사건이 일어나야 하는지, 그 사건이 일어나게 하려면 언제 어디에 있어야 하는지 알려준다. 시간이 지나면서 나는 호킹의 다이어그램에 선이 존재하는 이유를 깨달았다. 소음에서 신호를 찾아내고, 길이나 자기 삶을 잃을 것 같은 불안을 극복하려면 우리에게 방향성이 필요하기 때문이다. 그러나 네트워크는 이런 직선을 구불구불한 선으로 부드럽게 바꾸며, 시간이 흐르면서 고정된 광원뿔을 다른 면이 빛에 노출되도록 스스로 접히고 돌돌 말리는 잎사귀 모양으로 바꾼다. 우리에게 구조를, 따라갈 길을, 유연성 있는 움직임을 준다.

따라서 다음번에 계획을 세울 때나 앞으로 무슨 일이 일어날지 걱정스러울 때는, 당신의 투두 리스트를 네트워크 다이어그램으로 바꾸어보길 바란다. 모든 중요한 사람과 목적을 노드로 바꾸고, 어떤 목적을 성취하는 데 누가 도움이 될까 생각하며 그들 사이에 연결선을 그려본다. 다이어그램 속 공간은 비교적 현실적으로 생각해야 한다. 누가, 혹은 어떤 목적이 가장 가깝고 가장 멀리 있을까? 당신은 앞으로 나아가기 위해 서로 다른 노드 사이의 연결점을 찾고 있으므로 이것은 중요하다. 당신의 네트워크에서 서로 다른 요소가 만나는 노드가, 당신이 깨닫지 못했던 연결성을 이해하고 앞에 놓인 경로의 가능성을 엿볼 수 있는 지점이다. 당신은 수많은 노드가 서로 가깝게 붙어있는 허브와 경로들이 서로 교차하는 잠재적인 L 자형 이음목을 찾아야 한다. 허브와 이음목은 당신에게 경로를 알려준다. 우선순위도 확실히 정해야 하며, 목표마다 색을 다르게 지정하는 방식도 좋다. 우선순위가 높고 수많은 사용 가능 노드로 둘러싸인 목표는 갑자기 가치 있고 성취할 수 있을 것처럼 보이기 시작한다. 이런 식으로 네트워크는 당신이 원하는 것, 우선 순위, 목표에 가까이 다가가기 위해 할 수 있는 일을 설명하기 시작한다.

당신이 스티븐 호킹이 아닌 한, 4차원을 생각하고 그리기는 놀라울 정도로 어려우므로 시기에 따라 다른 네트워크를 그려보는 것이 좋다. 먼저 당신이 현재 어디에 있는지를 보여주는 네트워크를 하나 그린다. 몇 달 후 당신이 어디에 있을지를 보여주는 네트워크를 하나 그려보고, 앞으로 몇 년 후의 가능성을 보여줄 네트워크도 하나 더 그려본다. 원한다면 직업적 네트워크와 사회적 네트워크를 따로 그릴 수도 있다. 나는 이 작업을 언니 리디아와 함께 하는데, 우리는 정기적으로 서로 도우며 계획을 세우고 개선한다. 리디아와 나는 이 일을 같이하기에 이상적인 파트너로, 리디아는 가까운 미래를 정확하게 집어내는 재주가 있는 완벽주의자인 데 비해 나는 이런 쪽에 약하다. 대신 나는 먼 미래를 예측하는 데 더 익숙하며, 리디아는 세밀하게 조정한 비전에 먼 미래 전망을 끼워 넣는 데 어려움을 겪는다. 나는 리디아가 더 유연하게 장기 목표를 생각하도록 돕고, 리디아는 내일 무슨 일이 일어날지, 그리고 그날 어떤 옷을 입을지 걱정하는 나를 안심시킨다. 솔직히 고백하자면,

나는 그 옷을 태워버리라는 말을 들을 때까지 매일 똑같은 옷을 입는 것을 좋아하기 때문이다. 우리는 둘 다 아주 행복하고, 대조를 이루는 서로의 세계에도 익숙하다. 리디아에게 네트워크는 연결의 예술이며 사람들을 만나는 것을 뜻하고, 내게 네트워크는 그래프 위의 노드를 그려나가면서 다양한 결과가 나올 확률을 설정하는 것을 의미한다.

대화를 나누면서 리디아가 내게 자주 했던 말은 "난 모두 다 하고 싶어"라는 말이었다. 많은 사람이 뒤처지거나 소외될지 모른다는 두려움과 마주한다. 소셜 미디어 속 거울의 방에 둘러싸인 사람들은 초대받지 못한 파티를, 아직 이루지 못한 목표를, 아직 오르지 못한 〈갭 야Gap Yah〉(영국에서 큰 인기를 끈 코미디 유튜브 채널-옮긴이)의 산들을, 삶과 동료 집단이 우리를 스쳐 지나간다는 느낌을 이전보다 더 많이 의식한다. 나는 언제나 리디아의 그 말에 이렇게 답했다. 너는 무엇이든 할 수 있지만 서로 다른 노드가 어떻게 연결됐는지, 어떤 것을 우선해야 하는지를 이해해야 하며, 이는 무엇보다도 너 자신이 원하는 것에 근거를 두어야 한다고. 단순하게 생각해봐도 모든 것을 한꺼번에 이루는 일은 불가능하다. 그러나 원하는 모든 것을 성취할 계획을 세울 수는 있다. 시간이 지나면, 네트워크를 잘 구축한 거북이가 미친 듯이 날뛰는 변덕스러운 토끼보다 더 오래 버틸 것이다.

시간과 공간에 걸쳐서 네트워크를 만들 때 필요한 능력, 즉 다음에 무슨 일이 일어나야 하는지 명확하게 인식하는 능력이 있어야만 현재에 대한 과도한 불안을 피하고 미래에 대한 두려움을 없앨 수 있다. 목표 목록 자체는 도움이 되지 않는다. 목록에는 맥락이 없고, 서로 연결되어 있다는 감각도 없으며, 선호도를 설정할 방법도 없기 때문이다. 그것은 삶의 선형성에는 적절할 수 있지만 의사 결정에는 목표와 함께 사람과 장소를 계획하는 네트워크가 필요하며, 이 네트워크는 특정 형태를 고수할 필요 없이 오직 당신의 의도에만 맞으면 된다. 그러나 이 중 어느 것도 우리가 자신의 토폴로지를 친구나 동료의 것과 비교하면서 불안해하거나 부러워하지 않을 거라고, 갖고 싶은 것과 가질 수 있는 모든 것을 궁금해하지 않을 거라고, 대열의 끝으로 밀려날 것을 걱정하지 않을 거라고 보장해주지는 않는다. 네트워크이론은 당신을 자신만 뒤처지거나 소외될까 봐 두려워하는 마음에서 구원할 수는 없지만, 최소한 당신이 유연하게 형태를 만들어나가면 시간이 흐르면서 진화할 방향과 목적은 알려줄 수 있다.

일단 네트워크를 만들었다면 탐색을 시작해서, 대량의 정보와 구성 요소 중에서 어떤 것이 성공을 향해 나아가는 길을 보여주는지 알아내야 한다. 어떻게 해야 최적의 경로를 발견하고 발전시켜서, 상황이 바뀔 때마다 움직일 수 있는 부분을 계속 뒤섞을 수 있을까?

여기에 답하려면 또 다른 머신러닝 기술을 살펴봐야 한다. 이 기술이 지금부터 다음에 일어날 사건까지의 경로를 설정할 때 어떻게 우리를 도울 수 있을지 생각해보자.

우리는 길을 찾을 것이다

일단 네트워크를 다 그렸다면 당신 앞에 놓인 선택 사항을 살펴볼 수 있다. 당신이 선택할 수 있는 다른 길은 언제나 존재하며, 어떤 경로가 목표에 가장 빨리 다다르는 길인지 확신할 수 없어도 괜찮다. 다행스럽게도 머신러닝이 당신을 도와줄 준비를 마쳤다. 최적화와 관련된 질문, 즉 가장 빠르고 효율적인 경로를 찾는 방법은 컴퓨터과학의 핵심이다. 알고리즘은 데이터 집합을 파고들어 더 빨리, 더 효율적으로, 더 높은 가성비로 처리하는 방법을 발견하면서 번성한다. 그리고 우리는 이 기술을 빌려 삶의 경로를 최적화할 수 있다. 결국 알고리즘은 애초에 인간의 논리를 토대로 한다.

이 질문을 해결할 때 머신러닝이 사용하는 알고리즘을 경사하강법이라고 부른다. 이 접근법은 과정을 최적화하고 비용함수cost function(오류)를 최소화할 때 사용한다. 비유하자면 산에서 계곡으로 내려가는 것과 같다. 목표는 가장 낮은(오류를 최소화하는) 지점을 가능한 한 빨리 찾는 것이다. 따라서 모든 경로를 한꺼번에 확인하지 못하는 알고리즘은 단계적으로 탐색하도록 프로그램된다. 계속해서 경사가 가장 가파른 내리막길을 찾으면서 단계마다 재평가한다. 가장 큰 음의 기울기를 가진 경로를 계속 찾다 보면 가장 빠르게 최솟값으로 다가가게 된다. 인간처럼 알고리즘도 사고방식과 접근법이 다양하다. 가장 빠르게 즉각적으로 경로를 선택하는 탐욕스러운 알고리즘은, 정해진 집권 기간에 모든 것을 하려는 정치가와 조금 닮은 구석도 있다. 그런가 하면 탐구적인 알고리즘도 있는데 이들은 인내심을 가지고 더 많은 경로와 해답을 계속 시험해본다. 탐구적인 알고리즘은 하나의 대상에 모든 주의력을 집중하고 다른 것은 모두 잊어버리려 드는 ADHD의 탐욕을 견제하기 위해 내가 본받고 싶은 알고리즘이다. ADHD의 탐욕은 지금 내가 한밤중에 아직도 방수 재킷을 입은 채 침대에서 이 글을 쓰고 있는 이유를 말해준다.

경사하강법은 머신러닝에서 가장 기본적인 기술의 하나이며, 삶의 네트워크를 탐색하는 우리 모두에게 여러 가지 교훈을 주는 개념이다. 첫 번째 교훈은 우리는 경로 전체를 미리 볼 수 없으며, 심지어 대부분을 볼 수도 없다는 것이다. 노드를 연결하고 군집을 확인할 수는 있지만 결국 길을 따라 아래로, 즉 미래로 갈수록 우리의 시야는 흐릿해진다. 하지만 그래도 괜찮다. 경사하강법의 두 번째 교훈은 현재의 전후 사정이 당신이 지금 당장 알아야 할 모든 것을 말해준다는 것이기 때문이다. 알고리즘이 결정 과정에서 경사도를 시험하듯이, 우리도 우리만의 기준에 따라 특정 경로의 가치를 판단해야 한다. 이 길이 우리를 더 행복하게 하는가, 성취감이 더 큰가, 더 의미 있는가? 우리는 미래에 어떤 일이 어떻게 진행될지 예측할 수 없지만, 여행의 방향을 시험해보고 삶의 비용함수를 최소화하는 방향으로 나아갈 수는 있다. 여기서 가치와 목적에 대한 감각을 개발하고, 매슬로의 욕구 단계의 상층을 충족하는 일이 가능해진다. 매슬로의 욕구 단계는 일단 음식과 쉼터처럼 가장 기본적인 인간 욕구를 충족하면 우리의 관심은 더 덧없는 문제, 즉 성취감을 느끼고 존경받고 문제를 해결하고 창의적으로 생각하는 능력 같은 것으로 이동한다고 말한다.

만약 그 방향에 대한 선호도가 떨어지기 시작하면, 즉 경사도가 차츰 감소하면 당신의 모멘텀도 줄어들면서 침체하거나 멍해지거나 그저 뭔가 잘못된 것 같은 기분이 들면서 변화하게 된다. 경사하강법 알고리즘은 선택에 한해서는 감상적이지 않다. 만약 가장 가파른 하강 경로로 되돌아갈 수 있다면 기꺼이 두 단계 뒤로 물러난다. 우리도 그렇게 해야 한다. 우리도 경로를 선택하고 적응하는 과정을 반복해야 하며, 언제든 목표와 행복에 가까워지는 것이 아니라 멀어지고 있다고 느끼면 경로를 바꿔야 한다. 또한 곧고 완벽하고 유일한 길은 없으며, 다만 발견해서 따라가기까지 기꺼움, 흥미, 인내심을 가져야 하는 길만 있다는 걸 받아들여야 한다. 당신이 선택하는 최고의 경로는 항상 객관적인 완전성보다는 여러 요인에 좌우될 것이다. 이는 선택 사항을 탐색할 시간이 얼마나 있는가, 그리고 당신이 어느 정도의 완벽주의자인가에 달렸다.

경사하강법 알고리즘은 우리에게 시행착오를 통해 경로를 실험적으로 발견하고, 주변 환경에 계속 반응하고 평가하면서, 발걸음을 되돌리는 것을 두려워하지 말라고 알려준다. 이 소중한 마지막 교훈은 발걸음의 방향이 아니라 보폭을 가리킨다. 이는 학습률$^{\text{learning rate}}$로 알려진 문제다. 가장 정확한 결과를 얻으려면 알고리즘이 아주 작은 보폭으로 일정하게 움직이도록 프로그램해서, 조금씩 전진하며 발견한 것을 천천히 축적하게 해야 한다. 이와 반대로 학습률이 높으면 계곡에 더 빨리 다다를 수 있을지도 모르지만, 보폭이 정확하지 않아서 최저점을 넘어가버릴 수도 있다. 학습률을 미세하게 조정해서 최선의 결과를 최대한 빨리 얻는 것이 경사하강법의 가장 큰 도전 과제의 하나다. ADHD를 가진 사람에게는 특히나 어려운 일인데, 시간은 왜곡되고 전후 사정은 흐릿하기에 인생의 가장 중요한 결정을 화장실에 앉은 채 해버린다.

여기에 완벽한 해답이란 없다. 삶에 단 하나의 최적의 경로가 없듯이 해답도 변할 수 있기 때문이다. 모든 것은 주관적이며 당신은 속도와 정확성 사이에서 올바른 균형을 유지해야 한다. 완벽한 길은 우리의, 다른 누구의 삶에도 존재하지 않는다. 당신의 네트워크에 그려졌듯이, 활용할 수 있는 정보에서 수많은 가능성을 갖춘 경로를 찾을 수 있다. 증거를 따라가는 한, 그리고 가장 가파른 경사를 추적해나가는 한, 우리는 길을 찾을 것이다. 사실 나는 당신에게 많은 길을 가보라고 격려하고 싶다. 다만 그중에서 당신을 움직이게 만드는 길을 발견하고, 그 길을 따를 준비만 확실하게 해두면 된다.

삶의 목표를 설정하고 추구하는 것은 가장 어려운 일이 될 수 있다. 고려해야 할 것이 너무나 많다. 이 야망을 추구해야 할까, 아니면 저 포부를 추구해야 할까? 단기와 장기 목표 중 어느 것에 최적화해야 할까? 행복해지는 일을 해야 하나, 아니면 가장 중요하게 여기는 일을 해야 하나? 타인에게 신세 지지 않으면서 나만의 특별한 미래 비전은 어떻게 만들까? 이는 사회적이며 의사소통을 좋아하는 생물종에게는 가장 힘들지만 가장 중요한 일이기도 하다. 타인을 벤치마킹하며 살아가는 것은 타인의 숟가락으로 식사하는 일이나 다름없다. 그런 식사는 제대로 음미할 수 없다.

나는 온당한 내 몫 이상의 일을 겪었기에 이 모든 것은 불안 발작을 유도하기에 충분했다. 게다가 이것은 삶의 중요하고 두려운 결정에만 해당하는 것도 아니다. 지난해에 나는 엄마한테 생일 카드를 드리지 못했다. 가게를 열다섯 곳을 돌고도 어떤 카드를 드려야 엄마가 가장 좋아하실지 결정할 수 없었기 때문이다. 결정을 내리는 데 지나치게 불안해했고 결국 하나도 살 수 없었다. 이것은 탐구적 사고이자 엄마를 향한 내 사랑의 증거지만, 예상한 대로 나를 빈손으로 어둠 속에 남겨지게 했다. 어쩌면 일곱 번째 가게에서 선을 그었어야 하지 않을까?

그러나 미래를 불안하게 여기는 것, 혹은 다음에 무엇을 해야 할지 '모르는 것'은 약점이 아니라 강점이 될 수도 있다. 양자물리학과 머신러닝은 불확실성, 그리고 경로를 기꺼이 바꾸려는 마음이 골칫거리이기보다는 자산이라는 점을 보여준다. 삶의 진보를 확신하지 못하는 것은, 효율적으로 운동량과 위치를 동시에 측정할 수 없는 우리의 선천적인 무능의 단순한 측면이다. 기꺼이 경로를 바꾸는 일에는 머신러닝이 가장 뛰어나지만, "길고 짧은 건 대봐야 안다"라는 속담을 잊지 말자.

따라서 삶에서 충분히 진보하지 못해서, 혹은 다음에 무슨 일이 일어날지 몰라서 걱정스럽다면, 과학으로 자신을 안심시키도록 하라. 그런 두려움은 자연스러운 것이다. 또 불안감은 다양한 가능성을 가진 경로를 수없이 모의실험하는 렌즈 역할을 하므로 유용하다. 나는 항상 불안감이 타인은 보지 못하는 가능성을 발견하고 연결고리를 만드는 슈퍼컴퓨터라고 생각해 왔다. 사람들은 내게 엉뚱한 짓은 그만두라고, 혹은 내가 제정신이 아니라고 말하지만, 나는 불안감 없이, 그리고 불안감이 제공하는 전체 풍경을 보는 능력 없이, 그리고 불안감이 만들어내는 더 배우려는 동기 없이 살고 싶지 않다.

목표를 설정하고 추구하는 일은 두려울 수 있지만, 내가 사랑하는 스포츠인 암벽 등반처럼 이것도 그저 적절한 장비와 개인의 노력 문제다. 하이젠베르크는 우리에게 빌레이(암벽 등반에서 등반자의 추락을 방지하기 위한 로프 조작 기술-옮긴이)를, 네트워크이론은 밧줄을, 경사하강법은 경로를 제공한다.

그리고 기억할 것. 당신은 산에서 내려가는 중이다. 오르는 것이 아니라.

CHAPTER 8

공감하는 법

진화, 확률, 그리고 관계

$\text{オ}\text{オ}\text{オ}$

"유난 떨지 좀 마, 그냥 우산이잖아."

그렇지 않다. 내게 이 작고 단단한 물건은 아무 생각 없이 카페에 버리고 다른 것으로 대체할 수 있는 소모품이 아니었다. 나의 방호물이자 미래를 위한 갑옷이었고, 단정하게 곡선을 이룬 손잡이는 날씨와 상관없이 잡기에 편했다. 우산은 나를 그저 비에서만 보호한 게 아니었다. 너무 가까이 다가오는 사람들을 슬쩍 밀어낼 수도 있었고, 계단 난간을 잡을 수 없는 나를 지탱해주었다. 나는 외출할 때마다 마스코트이자 수호신인 우산을 챙겼다. 내게 이 우산은 다른 사람들의 번드르르한 자동차나 집안의 가보인 시계만큼 중요했다. 내가 소중하게 여기고 믿을 수 있는 동료로서 신뢰하는 물건은 몇 가지 없다. 심지어 돈도 생존 수단 그 이상은 아니었기에, 내 우산은 그중에서도 어쩌면 가장 중요한 것이었다.

그런데 지금 그 우산이 부러졌다. 그리고 나와 데이트하던 소년은 이게 그저 나일론 비닐과 나무 조각일 뿐이라고 말하고 있었다. 그 애가 무심해서 나는 울고 싶었다.

부러진 우산은 우리 둘 사이의 한계점이었을지도 모른다. 둘 중 한 명이 상대방에게 정말 중요한 무언가를 존중하지 않거나 이해하지 못한다는 사실이 분명해지면, 모든 실패한 관계에서 일어나는 순간이 우리에게도 오리라는 위협과도 같았다. 인간으로서 우리는 너무나 자주 다른 사람의 관점에서 세상을 바라보는 공감력을 잃어버리며, 타인에게 자신의 믿음을 강요한다. 그러면 우리가 정말로 함께 있기를 바라고 기대하며 실제로 함께하고 있는 사람과의 사이에 틈이 벌어지기 시작한다.

분명히 말하는데, 그 우산은 시시한 낡은 우산 그 이상이었다. 문제의 소년은 이 사실을 상당히 빨리 이해했지만, 내가 오랫동안 사랑했던 우산의 삶은 그렇게 끝나버렸다. 나는 근본적으로 완전히 다른 세상에 사는 타인과 삶을 공유하는 어려움을 다시 한번 떠올려야 했다.

로맨틱한 관계든 아니든, 나는 인간관계를 이해하고 헤쳐나가는 데 상당한 공을 들여야 했다. 내 머리로 살아가는 것만으로도 충분히 힘겨우므로, 다른 사람이 무슨 생각을 하고 어떤 뜻으로 말하며 무엇을 원하는지 알아내기 위해 다른 사람 머리로 굳이 똑같은 일을 할 필요가 없었다. 사실 내가 공감이 중요하다고 말하는 게 이상하다고 생각할지도 모르겠다. 공감이라는 주제는 아스퍼거증후군이 있는 사람들이 전혀 알 수 없는 것이기 때문이다. 내가 지겨울 정도로 많이 듣는 말 중 하나가 "다른 사람 입장에서 생각해 봐"라는 말이다. 자폐증이 있는 사람이 공감하고 타인과 관계를 맺으려면 가능한 모든 도움이 필요하다고 생각하는 것 같다.

그러나 내가 알아낸 사실을 하나 말하자면, 공감을 자주 언급하는 사람일수록 막상 공감 능력을 보여주는 데는 서투르다. 반면에 다른 사람이 특정 방식으로 생각하고 행동하는 이유를 내가 이해하지는 못하더라도, 상대방을 세밀하게 관찰하고 그것을 알아내려 노력한다는 점은 믿어도 좋다. 선천적인 공감 능력이 결핍되었다는 말은 타인의 의도와 기대를 예측하려면 더 힘들게 노력해야 한다는 뜻이다. 내 눈을 통해서, 관계는 상대방이 기대하는 요구에 내 행동을 맞추어야 하는 복잡한 방정식이 된다. 관찰과 계산, 실험으로 얻는 공감이다.

간단하게 들리지만 전혀 그렇지 않다. 동료 인간들의 변덕을 이해하고 예측해서 반응하는 것은 가장 어려운 일 중 하나다. 아닌 게 아니라 우리 대부분이 맞닥뜨리는 가장 만만찮은 일은, 사랑하는 사람이 보내는 보디랭귀지나 모호한 말이 실제로 무슨 뜻인지 추론하는 것이다.

이를 위해 과학이 잡음에서 신호를 가려내고 증거가 불확실할 때 반응을 결정하는 방식 중 최고의 방법이 필요하다. 모든 관계는 행간을 읽는 능력에 따라 좌우된다. 말로는 아니라고 하지만 사실은 문제가 되는지, 중요해 보이지 않지만 사실은 중요한 문제인지 판단해야 한다. 정확하게 판단하려면 우리는 진화생물학 지식을 미세하게 조정해서 서로의 차이점이 어디서 뻗어 나오는지, 시간이 지나면서 사람들 사이의 관계가 어떻게 진화하는지 확인해야한다. 우리 몸이 하나의 줄기세포에서 진화해 나왔듯이 말이다. 확률론은 어떤 증거가 관계가 있는지를 결정하는 데 활용한다. 또 퍼지논리(맞다, 이건 전문용어다)에서도 도움을 받을 수 있다. 퍼지논리는 흑/백 혹은 예/아니오 식의 해답이 없을 때 판단하는 틀이자, 인간관계에서 불쑥 나타나는 피할 수 없는 갈등을 다루는 도구이기도 하다.

관계를 구축하고 유지할 때 필요한 공감은 우리가 인간으로서 발달하는 과정을 관찰하면 찾을 수 있다. 혹은 역으로, 인간 세상에서 움직이는 기계들을 돕기 위해 만든 일부 기술에서 찾을 수도 있다. 관계가 번성하려면 가장 인간적이기만 할 것이 아니라 가장 기계적이기도 해야 한다. 느끼는 만큼 생각해야 하고, 관계를 맺는 만큼 계산해야 한다.

줄기세포와 같은 인간관계

인간관계의 강점과 약점은 모두 차이에 근거하고 있다. 우리는 모두 독특한 유전적 특징과 다양한 경험, 각기 다른 인생관으로 이루어졌다. 이렇게 많은 차이점에도 불구하고 우리는 모두 예전에는 본질적으로 똑같은 것에서 출발했다. 끝없이 분열하고 분열해서 피부, 장기, 뼈, 혈액 등 우리를 하나로 묶는 것들을 만들어내는 것, 바로 배아줄기세포embryonic stem cell다.

줄기세포는 진화적 경이로움을 가장 잘 보여준다. 그것은 인간 몸의 그 어떤 세포로든 분열하고 분화하는 단일 개체다(더 눈에 띄는 단어를 원한다면 다능성이라는 말도 있다). 예를 들어, 우리 몸의 모든 혈액세포는 본질적으로는 공통줄기세포common stem cell에서 조혈(내가 좋아하는 단어 중 하나다)이라는 과정을 통해 갈라져 나왔다. 이 과정은 지금도 당신의 몸속에서 일어나고 있으며, 산소를 나르는 적혈구와 면역계를 계속 갱신하는 백혈구의 적절한 균형을 위해 매일 전량이 다시 채워진다. 줄기세포가 인간의 기본 구성 요소가 된 것은 분열하고 개선하고 갱신하는 능력 덕분이다. 또 줄기세포는 혈액과 면역계 질환을 치료할 때도 애초에 자신들이 만들었던 몸을 재구성하면서 매우 중요한 역할을 한다.

줄기세포는 모든 인간의 근본이며, 인간관계에서 공감을 더 깊이 이해하기에 이상적인 렌즈다. 줄기세포처럼, 모든 관계는 본질적으로 포괄적이며 분화되지 않은 개체에서 시작하며, 두 사람은 서로를 좋아하게 될지 살펴보면서 관계를 시작한다. 시간이 지나면 줄기세포는 각자 아주 독특한 기능을 가진 딸세포로 끝없이 분열한다. 관계 역시 마찬가지로, 공유하는 경험과 지식, 언어, 무언의 의미가 뒤얽힌 복잡한 망으로 발전하면서 더 명확하고 복잡해진다. 줄기세포처럼 관계도 시간이 지나면서 계속 특화하고 분화하며, 더 많은 유사분열을 거치면서 새롭게 나타나는 욕구를 충족시킨다.

　나이가 들면 이 과정의 반복이 몸에 타격을 주게 된다. 세포는 유사분열을 할 때마다 DNA 끝부분에 달려있어서 염색체 말단을 보호하는 텔로미어를 조금씩 잃어버린다. 이 과정은 종종 신발 끈이 서서히 해어지는 과정에 비유되는데, 이렇게 텔로미어는 세포가 분열할 때마다 점점 짧아져서 결국 DNA를 효율적으로 보호하지 못하게 된다. 그러면 세포는 유사분열 능력을 잃고 비활성 노화 세포가 된다. 피부에 주름이 지고 장기 기능이 약해지는 등, 인간의 노화 과정에서 뚜렷이 나타나는 효과는 세포가 시들어가는 결과다. 시간이 지나면 세포들은 낡아가고, 몸은 서서히 스스로 회복하

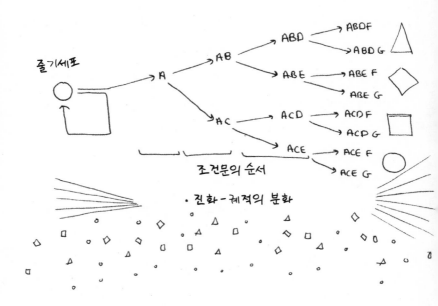

는 능력을 잃는다.

인간관계도 쇠락이라는 비슷한 위협을 받는다. 감정적 유사분열 능력, 자신과 상대방의 욕구가 변화하는 환경에 따라 계속 진화하고 특화하는 능력을 잃으면 관계가 소멸하리라는 위협이다. 정반대의 사례도 있다. 돌연변이를 일으켜 분열을 멈출 수 없는 세포가 암이 되어 통제를 벗어나 성장하며 몸을 공격하는 것처럼, 관계가 너무 빠르게 진행되어 견디기에는 너무나 고통스러워지는 것이다.

세포 진화를 이해하자 나는 좋은 관계를 유지하는 데 필요한 근본적인 두 가지 조건을 깨달을 수 있었다. 첫 번째는 서로의 다름을 존중하는 것이다. 겉모습이 대체로 비슷하고 같은 종의 일부이며 똑같이 세포 덩어리에서 진화했지만, 악마는 분화에 있다('악마는 디테일에 있다'의 패러디−옮긴이). 최초의 배아줄기세포에서 시작한 끝없는 진화는 각각의 개인을 완전히 다른 사람으로 바꾸어놓았다. 종종 인간관계의 성공은 결국 이런 차이점을 먼저 깨닫고 존중하는 능력으로 귀결되는 것처럼 보인다. 타인에 대한 공감을 통해서만 가장 뜻깊은 연결성을 확립할 수 있다. 아끼는 사람들을 진실로 이해했음을 보여주고, 그들이 하는 말을 그저 단어의 나열이 아니라 소소한 일상의 제스처와 비언어적 지표를 통해 들어야 한다. 여기에는 가끔 시선을 마주치는 것도 포함되며, 이는 내가 사람들과 연대를 맺으려 하는 행동이기도 하다.

가장 긴밀한 관계는 조건 없이 인정받고, 감사받고, 사랑받으며 깊이 의지할 수 있는 관계다. 언니가 결혼할 때, 나는 이 중요한 날에 입을 옷을 골라야 했다. 우리는 본능적으로 이 도전 과제의 중대성을 깨달았다. 패션계에서 일하는 언니에게 이게 얼마나 중요한 일인지 나는 알고 있었고, 언니는 내가 쇼핑을 얼마나 싫어하는지 알고 있었다. 나는 관심이 부족해서가 아니라 그저 무엇을 해야 할지 몰라서 주춤거렸다. 자매로서 우리는 서로를 이해했고, 나는 혼자 쇼핑하는 시련에서 탈출할 수 있었으며, 언니는 자신의 들러리가 〈덤 앤드 더머〉의 짐 캐리처럼 주황색 턱시도와 실크 해트 차림으로 나타나는 불상사를 막을 수 있었다. ("실크 해트는 안 돼." "입고 싶은 건 뭐든 입어도 된다면서. 언니는 짐 캐리 좋아하잖아.")

세포생물학에서 배울 수 있는 두 번째 교훈은 인내심이다. 배아줄기세포가 9개월 동안 자궁 속에 있어야 하듯이, 신생아가 18년 동안 자라야 하듯이(신경학 측면에서는 시간이 조금 더 걸리지만), 관계에서도 서로를 하룻밤 만에 완전하게 이해할 수는 없다. 두 번째 혹은 세 번째 만남에서 이미 상대방과 공유하는 삶을 상상하기 시작했다면, 아직 관계가 시작되지도 않은 상대에게 성숙한 관계를 강요하는 꼴이다. 이는 당신이 상대방에게 가지는 기대와 상대방이 당신에 대해 알 것이라고 합리적으로 갖는 기대 사이에 비대칭성을 만들어낸다. 더 안전한 방법은 초기 관계를 거의 발달하지 않은 줄기세포처럼 되도록 단순하게 다루는 것이다. 당신의 원대한 장기간의 기대를 처음부터 바로 상대방에게 투사하지 말아야 한다. 아직 숟가락을 공유하지 않은 상대에게 너무 빨리, 너무 많은 것을 요구하면 그 기대는 모두 무너질 것이다. 열매를 맺는 진화 과정은 시간이 걸린다는 점을 깨닫고 이해심을 가지고 인내해야 한다.

베이즈 정리: 확률과 공감

관계의 시작은 정말 쉬운 부분이다. 당신의 기대가 현실을 앞질러 가지만 않는다면 아직 진화하지 않은 새로운 관계가 주는 단순한 즐거움을 누릴 수 있다.

그러나 허니문이 지나고 몇 주, 몇 달이 지나면 현실적인 진화를 시작해야 한다. 누군가를 더 깊이 알게 되면, 처음 몇 번의 만남에서 봤던 단세포 생물이 분열하면서 더 복잡한 생물이 된다. 우리는 서로에 관한 지식을 얻고 경험을 나눈다. 그리고 이를 통해 상대방의 마음을 알 수 있고, 그의 변덕에 반응할 수 있으며, 그의 욕구를 예측할 수 있다는 기대감이 자라난다.

사람들은 종종 서로에게 적절한 관심을 기울이지 않아 관계가 안전지대로 떨어져 버리는 것에 대해 지적하지만, 내게는 오히려 그 반대가 진실처럼 보인다. 무지가 행복이라면 지식은 책임을 뜻한다. 상대방에 대해 수집한 증거가 축적되기 시작하면 공감에 대한 욕구는 빠르게 늘어난다.

바로 이 시점, 즉 상대방을 알게 된 후에 진짜 탐정 업무가 시작된다. 작은 신호와 어중간한 힌트를 해석해야 하고, 심지어 침묵의 행간도 완성해야 한다. 누구에게나 마찬가지겠지만 특히나 모호함이 당신의 강점이 아니라면, 또 들은 말은 문자 그대로 모두 받아들이려 마음먹었다면 이는 악몽이 된다. 아스퍼거증후군이 있는 사람은 누군가를 만날 때 전제 조건이나 선입견이 없으며, 모든 사람을 완벽하게 새로운 눈으로 바라본다. 그래서 나는 들은 대로 모두 믿어버리는 성향과, 신호와 힌트의 의미를 자연스럽게 추론하지 못하는 능력을 극복할 기술이 필요했다. 이 지점에서 베이즈 정리는 내 진실한 동맹이 되었다. 베이즈 정리는 확률론의 한 갈래로, 다양한 상황이 각각 어떻게 발전할 것인지 평가할 때 수집한 증거를 어떻게 활용할지에 대해 다룬다. 다르게 설명하자면, 상황이 변하면 다양한 확률에 대한 당신의 평가도 변한다는 뜻이다.

당신이 베이즈 정리를 따르는 '베이지안'이라면 출발점부터 전통적인 통계학적 기법과는 다를 것이다. 예를 들어 전통적인 통계학은 특정 동전이 앞면으로 떨어질지 뒷면으로 떨어질지 확률을 정할 때, 동전을 던져서 나온 실험 표본에 근거를 둔다. 그러나 베이지안은 단순하게 수집한 자료에서 확률을 추론하기보다는 기존의 여러 가설에서 시작한다. 이미 알고 있는 것을 이용해서 확률을 계산하는 것이다. 동전 던지기 사례로 보면, 동전을 던지는 기술이나 동전을 던지는 사람이 결과에 어떻게든 영향을 미칠 가능성이 있다. 따라서 베이즈 정리는 우리에게 자료를 수집해 선형적인 결론만 도출하지 말고, 수집한 자료를 문제 상황과 관련된 모든 맥락에 더 폭넓게 적용하라고 말한다.

잠깐만, 당신이 무슨 생각을 하는지 다 들린다. 증거가 스스로 말하도록 놔두는 게 아니라 손가락을 저울에 얹으라니, 이것은 과학적 연구가 따라야 할 정석과 정확하게 반대되는 것 아닌가? 글쎄, 당신의 가설이 심각하게 왜곡되었다면 증거 해석 역시 왜곡될 테니 확실히 그렇긴 하다. 그러나 베이즈 정리에는 단순하지만 강력한 힘이 있다. 바로 시간에 한정된 좁은 데이터 집합에서 우리를 끄집어내 시야를 넓히고, 그러지 않았다면 쉽게, 그리고 결정적으로 무시되었을 만한 상황으로 문제를 밀어 넣는다. 예를 들면, 이는 건강검진 오류를 이해하는 데 도움이 된다. 99퍼센트의 정확도를 나타내는 검사의 진단 결과가 양성으로 나왔다고 해서 질병에 걸렸을 확률이 99퍼센트라는 뜻은 아니다. 그러나 이 사실은 오직 거짓 양성반응이 얼마나 많이 나오는지에 관한 사전 지식을 활용해야만 알 수 있다.

베이즈 정리를 이용하면 어떤 사람이나 대상에 관해 우리가 아는 모든 지식을 숙고할 수 있다. 적절히 사용하면 우리가 아는 것과 증거가 알려주는 것 사이에서 원적문제(주어진 원과 같은 면적의 정사각형을 자와 컴퍼스만으로 작도하는 문제. 기하학의 3대 문제 중 하나로, 1882년 작도가 불가능함이 증명되었다-옮긴이)처럼 곤란한 문제를 해결해줄 매우 뛰어난 기술이며, 우리의 가설에 들어있는 잠재적인 결함과 수집한 자료의 한계를 모두 드러낸다. 다시 말해, 베이즈 정리에서는 증거가 가설을 개선하도록 돕고, 가설은 우리가 증거를 활용하는 방식을 개선하도록 돕는다. 또 베이즈 정리는 확률 문제에 접근하는 방식, 즉 우리가 이전에 알았던 전후 관계상의 지식을 활용하는 방식뿐만 아니라 축적되는 새로운 증거로 가설을 갱신하는 방식에서도 중요하다. 이것이 조건부확률, 이미 일어난 혹은 여전히 일어나는 어떤 사건을 전제로 특정 결과가 나타날 확률이다.

삶에서 새로운 것을 만나면, 그게 관계든 환경의 변화든 새 직업이든 상관없이 나는 베이즈 정리를 이용해서 새로운 불확실성을 탐색하고 낯선 문화와 규칙에 나를 맞춘다. 내가 가진 편견을 버리고 주변을 정찰하면서, 세심하게 조정된 나만의 선호도를 따르지 않고 새로운 체계를 대표하는 것을 따르려 한다. 대학에 입학했을 때는 아스퍼거인의 악몽이자 밀리 팡이 가본 곳 중 가장 깊고 어두운 장소인 클럽에 가기도 했다. 나는 클럽에서 춤을 추었다. 그리고 내가 마주하는 모든 낯선 상황을 해석하는 데 필요한 새로운 맥락을 얻기 위한 필수 정보와 그 안에 든 새로운 경험을 수집했다.

그와 같은 접근법이 최근의 관계, 혹은 진화하는 관계에 익숙해지는 데 도움이 될 수 있다. 정말로 타인을 이해하고 싶다면, 상대방을 주의 깊게 관찰해야 한다. 상대방의 말과 의도 사이의 간극을 익히고, 행복하거나 슬플 때 어떻게 행동하는지 확인하고, 상대방이 자신만의 동굴로 숨어드는 것이 무슨 의미인지(문제가 있다는 신호일 수도 있고, 그저 공간에 대한 욕구의 표현일 수도 있다) 알아야 한다. 기대치가 낮은 허니문 시기? 바로 그때가 당신이 나중에 필요해질 모든 증거를 취합할 시기다. 누군가는 당신이 "그럼, 괜찮아"가 사실은 "절대 안 돼"라는 뜻이었다는 걸 몰랐어도 처음에는 용서할 것이다. 그러나 시간이 지나면 관용은 사그라든다. 우리가 관계에서 가장 자유롭다고 생각하는 단계가 실제로는 가장 주의를 기울여야 하는 단계이며, 그렇게 했을 때 길게 보면 결국 보람이 있을 것이다.

물론 베이즈 정리의 다른 추론에 따르면, 증거를 해석하는 방식에서 이전의 가설이 중요하기 때문에 두 사람은 같은 문제를 다르게 볼 것이다. 두 사람이 획득한 지식, 판단, 경험이 다르다면 우리가 보기에는 간단히 해결할 수 있는 문제가 상대방에게는 그렇지 않을 수 있고, 이를 이해하려면 공감해야 한다.

나는 베이즈 정리를 내 삶에서 가장 격동적인 관계를 다루는 데도 활용한다. 바로 나와 나 자신과의 관계 말이다. 친구나 동료와의 논쟁이 얼마나 쓰라리든 간에, 내 머릿속에서 일어나는 맹렬한 폭풍과 비교하면 아무것도 아니다. 내 뇌는 주변의 모든 정보를 처리하느라 초과 근무를 하고 모든 측면에서 모든 것을 고려해야 하므로, 예고 없이 끓어 넘칠 수 있는 압력솥이 된다. 때로는 내 뇌 속에서 요란하게 울리는 소음 일부를 내보내는 것 외에 대안이 없다. 그럴 때는 머리를 탁자에 부딪히거나, 소리 지르면서 머리를 흔들거나, 빙글빙글 돌기도 한다. 그저 존재하려는 압박감을 조금이라도 배출할 수 있으면 무엇이든 한다.

베이즈 정리는 바로 이 내밀한 전쟁에서 닻을 고정하는 루틴이

자 무기가 되었다. 내 앞에 놓인 소음, 냄새, 플라스틱 단추처럼 나를 멜트다운시킬 수 있는 증거에 그저 반응하기보다는 이전의 가설을 이용해 벼랑 끝에 선 나 자신을 끌어올 수 있다. 저 끔찍한 냄새는 실제로 그렇게 역할 리가 없다. 일주일 전에 누군가가 교실에서 방귀를 뀌었지만, 그때도 나는 죽지 않았기 때문이다. 어려워 보이지만, 확률상 나는 괜찮을 것이다. 베이즈 정리는 평형 상태를 위협하는 다양한 계기에 우선순위를 매기고, 감정적으로 중요한 것과 그저 습관적인 고통일 뿐인 것을 분리해 주었다. 베이즈 정리 덕분에 나는 자폐스펙트럼장애와의 전투를 선택할 수 있었고 꼭 필요한 에너지를 절약할 수 있었다.

나 자신이든 타인이든, 인간의 행동은 절대 전체를 예측할 수 없으며 완벽하게 수량화할 수도 없다. 하지만 이를 확률 문제로 다루고, 우리 삶에 등장하는 사람에 관한 지식과 가설을 미세하게 조정할 수 있으며, 이를 이용해서 다양한 상황에 어떻게 반응할지 결정할 수는 있다. 파트너를 과학 연구 대상으로 바꾸라는 말이 섹시하게 들리진 않겠지만, 내가 아는 공감하는 방법 중 가장 확실한 방법이다. 사람들은 대개 실제로 원하는 것을 말하지 않는다는 단순하고 짜증스러운 사실 때문에 이렇게 해야 한다. 사람들은 힌트를 주거나, 보디랭귀지로 신호만 보내거나, 그냥 당신이 추측하기를 기대한다. 내 마음처럼, 당신의 마음도 명확하고 확실한 증거를 요구한다면 이것은 악몽이나 다름없다. 타인이 실제로 원하는 것이 무엇인지, 다음에 무슨 일이 일어날지의 문제에 우리가 아는 것을 적용하는 확률론을 이용해야만 잿빛 안개가 낀 모든 관계에서 길을 제대로 찾을 수 있다. 따라서 18세기에 살았던 장로교 목사(베이즈 말이다)가 당신이 만날 최고의 관계 상담사라는 사실을 몰랐다면, 지금부터라도 확실히 알아두는 게 좋다.

퍼지논리: 논쟁과 절충

살면서 만나는 사람들을 관찰하는 것도 하나의 방법이지만, 관찰은 절반 정도만 도움이 된다. 타인의 요구와 우리 자신의 요구 모두를 충족해 건강한 관계를 구축하고, 필요한 만큼 타협하고, 필연적인 의견 충돌을 극복하는 방법이라는 수수께끼를 해결하는 데말이다. 관찰을 통해 수집한 증거를 해석할 수 있어야 하고, 시간이 지나면서 평형 상태를 이루는 데 도움이 될 결정도 해야 한다. 여기서 인공지능과 컴퓨터 프로그래밍에서 가장 중요한 원칙 중 하나인 퍼지논리를 활용할 수 있다.

삶의 회색 지대를 탐색하는 기술을 찾는 출발점으로 알고리즘은 적당하지 않다고 생각할지도 모른다. 그런 기술은 지금도, 그리고 앞으로도 인간의 마음이 기계 뇌보다 더 뛰어난 유일한 분야가 아닐까? 글쎄, 만약 우리가 항상 복잡한 상황을 이해하고 공감하고 관계를 완벽하게 판단하는 데 우리 능력을 최대치까지 활용할 수 있다면 맞는 말이다. 그러나 이것이 당신에게는 해당하지 않는 말이라면(나는 확실히 아니다), 머신러닝 개발자가 이 문제를 해결하기 위해 어떻게 노력하는지 관찰할 가치는 있다. 어쩌면 기계가 더 인간처럼 생각하도록 설계한 아이디어가 우리에게도 도움이 될 수 있다.

퍼지논리는 확실한 진실이 존재하지 않거나 모든 요인을 0이나 1, 왼쪽 혹은 오른쪽, 위나 아래, 옳다 혹은 그르다로 명확하게 분류할 수 없는 상황에서 알고리즘을 작동하게 하는 기술이다. 프로그램은 퍼지논리를 통해 양극단의 중간값을 계산할 수 있고, 상대적인 명제라면 범위를 추정할 수 있다. 맛이 괜찮은지 아닌지 같은 문제를 예로 들 수 있다. 퍼지논리를 활용해서 알고리즘은 확정적인 두 개의 답 중 하나를 선택하지 않고 문제가 대체로 진실인지 아닌지 판단해 0과 1 사이의 연속된 값 사이에서 답을 결정할 수 있다. 이는 자동 시스템을 개발하는 데 무한하게 응용할 수 있다. 앞 차량과의 간격에 따라 언제 자동차 브레이크를 작동할지를 결정하는 문제부터, 세탁기가 세탁물의 오염도에 따라 물의 흐름과 온도, 세제량을 조절하는 문제까지 무궁무진하다.

퍼지논리는 게임이론과 갈등 해결에도 응용할 수 있다. 협상하는 중에도 0과 1 사이, 즉 절대적인 확신과 전적으로 타협할 의지 사이에서 요동치는 폭넓은 선호도를 지닌 다양한 사람들의 생태계를 도표화하는 방법론으로 활용한다.

이는 우리의 사적인 관계와 가장 밀접한 관련이 있다. 당신이 상대방을 얼마나 사랑하거나 좋아하건 간에 우리는 모두 다투게 된다. 문제는 논쟁이 일어날 것인가가 아니라 얼마나 이상적으로 논쟁을 다룰 것인가다. 퍼지논리는 그 열쇠를 쥐고 있는데, 논쟁에서 '승리'하려는 인간의 충동은 대개 쓸모없다고 알려주기 때문이다. 논쟁할 만한 가치가 있다면 상대방은 잘못을 인정할 생각이 없다는 뜻이며, 그러면 해답은 눈금의 양 끝인 0이나 1 어느 쪽에도 존재할 가능성이 없고 대개는 회색 지대에 있다. 아마 두 사람 모두 서로에게 사과해야 할 수도 있고, 새 소파를 빨간색을 살지 파란색을 살지 같은 문제에는 진실로 옳은 답은 없을 수도 있다. 논쟁은 겨뤄서 이기는 게임이 아니라 해결해야 할 문제에 더 가깝다. 3D 테트리스처럼, 서로 다른 의견의 움직이는 부분을 바꿔서 가능한 한 가지런하게 끼워서 맞춰야 한다. 나는 '말싸움'에서 이겨본 적이 없고, 종종 타인이 내게 던지는 모욕을 이해조차 하지 못하기 때문에 이 사실을 발견했다. 말하자면, 나는 내 방식으로 되돌려줄 수 있다. 나는 신랄한 평가에 익숙하며, 직장에서 '퉁명스럽다'라는 평을 들은 후로 이 단어는 내가 즐겨 사용하는 단어가 되었다.

우리는 여러 이유로 논쟁을 시작한다. 때로는 순간적으로, 혹은 전체적으로 관계가 지루해져서 우리 자신을 자극하고 도전 의식을 북돋우려 싸움을 건다. 그러나 우리는 악당이나 흑막 같은 게 아니다. 실제로 내가 옳고 상대방이 잘못 판단했다고 믿는다. 테트리스 게임 화면에서 블록들이 충돌하는 것처럼 전형적인 의도와 해석의 불일치다. 우리는 자신의 가정과 해석이 승리할 수 있다고 확신하고 논쟁을 시작한다. 그리고 타인이 어떤 기분이나 생각일

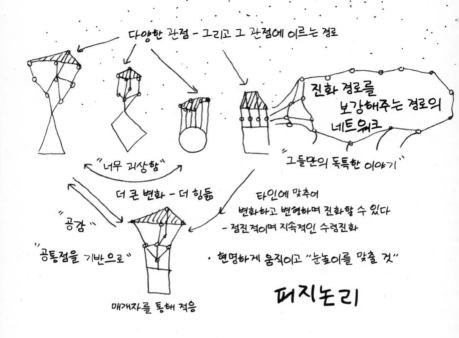

다양한 관점 - 그리고 그 관점에 이르는 경로

진화 경로를
보강해주는 경로의
네트워크

"너무 괴상함"

"그들만의 독특한 이야기"

더 큰 변화 - 더 힘듦

타인에 맞추어
변화하고 변형하며 진화할 수 있다
- 점진적이며 지속적인 수렴진화

"공감"

"공통점을 기반으로"

• 현명하게 움직이고 "눈높이를 맞출 것"

매개자를 통해 적응

퍼지논리

지, 혹은 축적된 경험과 가정이 양쪽 모두를 상반된 관점으로 이끌었을지도 모른다는 베이지안식 공감이 부족하다는 점을 증명한다.

이쯤에서 당신은 소리 지르기 시합에 참전하거나 누가 문을 더 거칠게 닫는지 경쟁할 수도 있다. 아니면 당신의 사고를 더 '퍼지하게' 만들어서, 논쟁을 벌이는 중요한 문제에서 이분법적인 옳고 그름은 없다는 사실을 받아들일 수도 있다. 스마트 세탁기처럼, 당신도 상황에 따라 조절할 수 있다. 어쩌면 싸울 만한 가치가 없을지도 모른다. 어쩌면 그저 관계의 맥락에서 그럴 가치가 없기 때문에 당신이 굳건하게 지키던 관점을 바꿀 수도 있다. 이 특별한 상황에서 당신이 원한 것을 얻을 수 없고, 생각만큼 중요하지 않을 수도 있다는 사실을 받아들여야 할지도 모른다. 반대로, 상대방은 바로 이해하지 못하지만 당신에게는 정말 중요한 것, 즉 앞서 말한 내 우산 같은 것이 있을 수도 있다. 바로 이런 경우에 당신은 뭔가를 제안하기보다는 타협점을 찾아내야 한다.

가장 중요한 점은 베이즈 정리나 퍼지논리의 관점 모두를 잃지 않는 것이다. 두 사람이 같은 출발점에서 바라보지 않으면 '확실하지' 않은 것도 있다. 자신이 100퍼센트 옳다는 당신의 믿음은 자신만의 독특한 관점의 렌즈로 보았을 때만, 혹은 당신의 파트너는 공유하지 않을 가정과 경험에 근거해서만 유지된다는 사실을 깨닫는 순간, 무너질지도 모른다. 퍼지논리를 활용한 논쟁은 이분법적 사고의 인화점과 경솔한 표현에서 벗어나게 해주며, 느긋하게 모든 선택 사항을 고려하도록 돕는다. 논쟁하는 도중이나 감정이 앞설 때는 이렇게 하기가 어렵지만, 당신이 정말로 결론에 이르기를 원한다면 이 방법이 더 낫다.

논쟁은 어떤 관계에서나 건강한 부분일 수 있다. 컴퓨터를 디버그하고 결함과 단점을 찾아내서 앞으로 더 효율적으로 작동하게 하듯이, 우리는 모두 감정을 환기할 기회가 필요하다. 존중과 퍼지논리로 잘 마무리한 논쟁은 관계를 방해했을지도 모르는 문제의 디버깅 과정이 될 수 있다. 공감과 취약성을 모두 보여줄 기회다. 서로의 감정적·개인적 태피스트리를 더 많이 보여주고 인간으로서 당신의 진화를 이해시킬 기회인 것이다. 하지만 이 과정은 우리가 기계에 현재 무엇을 학습시키고 있는지 인지할 때만 일어나며, 절대적인 옳고 그름이 없다면 회색 지대에서 살면서 계산할 방법을 찾아야 한다. 자신의 편견을 깨우치고 자기 인식의 빛으로 확신을 유연하게 굽히는 태도는 어떤 관계에서나 논쟁과 의견 충돌이라는 방해물을 넘는 데 중요하다. 상대방을 싫어할 이유가 생긴 뒤에도 여전히 그 사람을 사랑한다면 당신은 내가 이상적이라고 생각하는 관계를 맺은 셈이며, 이는 진화가 이루어질 때만 나타난다. 이러한 면에서 나의 가장 좋은 점은 모순을 감지하거나 인간에 대한 가정을 세울 수는 있지만 원한은 품지 못한다는 것이다. 논쟁이 끝나고 5분이 지나면 나는 다른 방에서 당신에게 차를 권할 것이다. 다음 논쟁이 시작되기 전까지는.

때로는 내게 인간 알레르기가 있는데 그게 너무 심한 나머지, 다른 사람의 냄새나 접촉이나 말에 부정적인 반응을 일으키는 건 아닐까 궁금했다. 나는 위협적으로 느껴지는 행동에 신체적으로 움츠러든다. 그런데 아마 지금쯤은 당신도 알겠지만, 내게 위협적으로 느껴지는 행동은 너무나 많다. 타인과 관계를 맺지 못하거나 인간 세계의 일부라는 소속감을 느끼지 못하면서, 종종 내 종족에 대한 나 자신의 무지에 절망했다. 내 몸의 면역계처럼, 나도 인간과 삶의 진화를 수용하고 처리하려고 내 정신 면역력을 계속 갱신한다. 작아서 쉽게 고칠 수 있는 점도 있었고, 감기를 물리치는 것과 비슷한 전투가 벌어질 때도 있었다.

그러나 마음 깊은 곳에서는 우리가 살아있음을 느끼게 하는 것이 사랑이라는 사실도 알고 있다. 사랑이 불편할 때도, 견디기에 고통스럽고 힘들 때조차도 말이다. 내 안의 수학자는 낭만주의자이기도 하다. 그는 통계학, 확률론, 머신러닝 기술을 활용해서 사랑을 탐색하고 주변 사람들과 조화를 이룰 수 있다고 믿는다. 만약 당신의 사랑에서 데이터과학이 하는 역할에 회의적이라면, 나는 틴더나 범블 같은 데이트 앱을 사용해본 적이 있느냐고 물을 것이다. 많은 사람이 지금도 인공지능과 함께 잠드는 것이 현실이기 때문이다.

관계는 과학과 거리가 멀지도 모르지만, 과학이 관계를 더 잘 다루도록 도와줄 방법은 많다. 그중 하나가 진화의 중요성을 이해하는 것이다. 진화가 어떻게 인간을 여기까지 이끌어왔는지, 우리의 삶에서 진화가 계속되는 것이 얼마나 중요한지 이해해야 한다. 관계는 절대 고정적이지 않으며 그렇게 다룰 수도 없다. 관계는 두 사람 이상의 필요와 욕구, 희망이 시간에 따라 변화하며 지속하는 역동적인 독립체로 존중되어야 한다. 생물학적으로 인간 모두에게 탑재된 진화는 인류를 석기시대에서 현대의 삶으로 이끌었고, 우리 모두를 자궁 속 접합체에서 현재의 성인으로 바꾸어놓았다. 그러나 성인의 관계에서 우리가 진화를 항상 이해하거나 인정하는 건 아니다. 우리는 지난 몇 년 동안 사람들이 변한적 없다는 듯이, 혹은 사람들이 변하는 일은 상상할 수도 없다는 듯이 행동한다. 타인의 삶의 변화에 맞춰서 우리의 기대, 가정, 행동이 항상 진화한다고 장담할 수는 없다. 따라서 첫 번째로 중요한 점은 우리와 상대방의 관계가 진화하는지 살펴보고 그에 따라 반응하는 것이다.

두 번째로 중요한 점은 어떤 관계든 근본은 불확실성과 모호함이라는 사실을 받아들이고, 이와 대립하기보다는 함께할 방법을 찾아야 한다는 것이다. 우리를 대할 때 항상 100퍼센트 솔직하고 명확하게 행동하라고 상대방에게 무조건 요구할 수는 없다(이러면 나는 정말, 진짜로 좋긴 하지만). 그보다는 더 영리해져야 한다. 상대방의 행동을 자세히 관찰해서 확률을 평가하는 데 필요한 맥락과 정보를 얻어야 한다. 더 나은 관찰자가 될수록 더 나은 베이지안이 되며, 결국 더 많이 공감하는 동료가 될 것이다.

진화를 잘 알고 확률을 이해하는 것에 더해 편견도 의식해야 한다. 우리의 의견이 형성될 때 경험이 어떤 영향을 미쳤는지, 같은 주제를 놓고 두 사람의 관점이 합리적으로 얼마나 다를 수 있는지 인지해야 한다. 퍼지논리는 대부분의 어려운 질문의 해답이 양극단이 아니라 그사이에 존재한다는 사실을 수용하는 것이다. 퍼지논리는 타협을 이루고, 논쟁을 파괴적인 논리가 아니라 긍정적인 경험으로 바꾸는 토대가 된다.

우리는 모두 관계에서 실수하고, 후회도 하며, 때로는 내가 무엇을 잘못했는지 의아해하기도 한다. 그러나 자신을 탓해서는 안 된다. 인간은 그 자체만으로도 복잡한 야수인데, 둘 혹은 무리의 일원으로 함께 일하려니 말해 무엇할까. 그러나 똑같이 오래된 문제라도 한 걸음 물러서서 새로운 렌즈로 살펴보면 더 잘 해낼 수 있다.

지속적인 관계를 구축하려면 공감, 이해, 타협, 이 모든 것을 보여 줘야 한다고 우리는 배웠다. 그리고 이 모든 것은 내가 설명한 기술을 통해 향상하고 강화할 수 있다. 나를 믿으시길. 내가 할 수 있다면 누구나 할 수 있다.

CHAPTER 9

다른 사람과 연결되는 법

화학결합, 기본 힘과 인간관계

모든 과목 중에서도 나는 항상 국어가 제일 어려웠다. 열여섯 살이었을 때, 내 독서 능력은 다섯 살 수준이라고 평가받았다. 글을 읽고 쓸 줄 몰라서가 아니라 이해력 시험 문제에서 지문에서 벗어나는 과잉 해석을 했기 때문이다. 창문을 향해 공을 찼을 때 무슨 일이 일어날지 묻는 문제를 읽고, 나는 창문이 열려있었는지 닫혀있었는지가 궁금했다.

나는 항상 특별히 고른 자리, 가능한 한 교사에게서 가장 멀고 문과 라디에이터와는 가장 가까운 자리에 앉았다. 일성급 교실에 있는 오성급 자리였다. ADHD는 내 마음이 지루함과 들썩거림 사이에서 널뛰는 와중에 튀어나오곤 했다. 《생쥐와 인간》(존 스타인벡이 1937년에 출간한 중편소설로 미국 대공황 시대 이주 노동자인 조지와 레니의 이야기를 그린다-옮긴이)의 마지막 구절을 읽었을 때, 나는 이 이야기를 나만의 버전으로 고쳐서 끄적거렸다. 내가 소설

속 인물의 연관성과 여러 사건을 이해할 수 있는 유일한 방법은 나만의 수학, 예술, 그리고 문학으로 엮은 약간의 언어뿐이었다. 친구들도 글에서 벗어나 멍한 채로 머릿속으로 낙서나 하고 있는 게 틀림없었다. 그러나 내가 가장 싫어하는 교사의 눈에 띈 것은 친구들의 생각이 아닌 내 낙서였다.

"카밀라! 또 낙서하고 있구나. 조지와 레니의 관계에 대해 말해보겠니?"

"탄젠트 x, 항상요."

멍 때리던 상당수 친구들이 내 말에 깨어나서 웃었다. 웃음소리에 대담해진 나는 계속 말했다.

"탄젠트 함수는 격동의 시기 가운데 짧고 평탄한 안정기를 보여줘요. 게다가 대비를 이루는 대칭성이 있는데, 특정 지점에서는 양극화하고 접근하기 힘들며 정의하기 어려운 점근선 영역도 포함하고요. 두 사람의 형제애도 이와 같다고 봅니다. 거의 자석이나 다름없죠."

내 답이 교사가 원한 반응이 아니라는 사실은 빠르게 확실해졌다. 나는 책을 진지하게 읽지 않았고, 수업을 산만하게 했으며, 문학을 모욕했다며(이 시점에 소설을 거의 읽지 않았던 내게는 인상적인 말이었다) 비난받았다. 교사가 고함을 지르며 내가 그의 냄새를 맡을 수 있는 거리까지 다가오자, 교실의 모든 얼굴이 나를 쳐다보고 있었다. 긴장이 감도는 침묵과 날카로운 냄새가 내 불안을 자극했고, 나는 공황 상태에 빠져 교사의 겨드랑이 아래쪽에 주저앉았다가, 양손으로 귀를 막은 채 문을 열고 뛰쳐나갔다.

그러나 일시적인 공황이 가라앉으면서 나는 승리감을 느꼈다. 그 순간의 혼란에서 벗어나자 새로운 가능성이 끓어오르며 생각의 표면에 거품처럼 떠올랐다. 낙서와 문학비평이라는 이례적인 모험은 실제로 중요한 사실을 내게 알려주었다. 관계를 삼각함수로 생각하자 통찰이 번뜩인 것이다. 물론 소설 속 인물이었지만 인간관계를 삼각함수로 나타낼 수 있다면, 아마 수학과 과학이 내가 헤아리지 못하는 인간의 연대와 관계의 본질을 이해하도록 도울 다른 방법도 있을 것이다. 내게 익숙한 과학 개념과 내게 벅찬 인

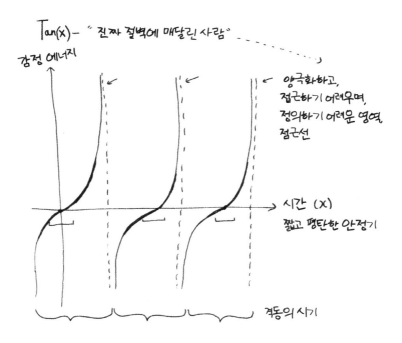

간 문제 사이의 연결 고리가 불현듯 보이는 이런 순간이 내가 살아가는 이유다.

모든 것의 출발점이 결합, 즉 원자와 분자를 하나로 연결하는, 말 그대로 우리 세계를 하나로 묶어주는 친화력chemical attraction(화학에서 원자들 간에 서로 결합하려는 경향−옮긴이)이라는 점은 분명했다. 사람들이 문화적으로, 그리고 정서적으로 연결될 수 있다면 그건 오직 인간의 몸과 세상을 하나로 묶어주는 수백만 개의 미세한 화학결합과 전자결합 덕분이다. 결합은 우리가 숨 쉬는 공기부터 마시는 물까지 모든 것을 설명한다. 결합이 없다면 우리는, 그리고 모든 것은 말 그대로 허물어질 것이다.

결합은 본질적일 뿐만 아니라 예시적이기도 하다. 다양한 관계가 존재하듯이 결합도 여러 특성을 가진 가지각색의 유형이 있다. 강한 결합과 약한 결합이 있고, 일시적인 결합과 영구적인 결합도 있으며, 친화력에 의지하는 결합이 있는가 하면 차이에 의지하는 결합도 있다. 더욱이 인간관계처럼 화학결합도 홀로 존재하지 않는다. 화학결합의 존재와 진화는 그들을 둘러싼 채 잡아당기거나 밀어내고, 이전과 다르거나 예상하지 못했던 방향으로 움직이게 하는 기본 힘fundamental forces에 따라 결정된다.

수업 시간에 시작된 백일몽은 온갖 종류의 관계를 이해하는 가장 중요한 도구 중 하나로 바뀌었다. 결합과 역장을 기본 틀로 정했더니, 다양한 관계의 형태, 본질, 목적을 설명하는 모델을 만들 수 있었다. 또 시간이 지나면서 어떤 사람과 가까워지거나 멀어지듯이, 관계가 뻗어나가는 여러 방향도 이해할 수 있었다. 결정적으로, 나는 모든 관계들이 서로 다르다는 사실을 알게 되었다. 고유한 특성과 특징을 가진 관계의 종류는 수없이 많으며, 이는 우리가 관계에 어떤 기대를 해야 할지에 대해 중요한 사실을 알려준다. 과학자들은 다양한 원자와 분자와 계가 서로에게 반응하고 화학반응을 일으키는 과정을 연구할 때, 결합에 관한 지식을 활용한다. 인간에게도 같은 접근법을 활용하면, 똑같은 관계는 존재하지 않지만 다양한 결과가 나올 가능성의 범주가 폭넓다는 점을 알 수 있다.

다른 사람들과 우리를 연결하는 결합에 관한 지식이 더 많다면, 그리고 결합의 독특한 특성을 알고 있다면, 시간이 흐르면서 관계가 진화하고 성장하며 소멸할 때 잘 대처할 수 있을 것이다. 이것은 친구가 떠난 이유가 궁금하거나 수명이 다한 관계를 마무리할 방법을 고민하는 사람을 위한 이야기이다. 해답은 당신과 상대방의 행동이나 성격에만 있지 않으며, 관계를 연결하는 결합의 본질에 있다. 이 사실을 이해한다면 모든 것이 서서히 이해되기 시작할 것이다.

나를 완성해줄 원자를 찾아서

우리를 둘러싼 모든 것은 화학결합이다. 화학결합은 우리가 볼 수 있는 모든 것이 제 기능을 하게 하지만, 정작 우리 눈에는 보이지 않는다.

결합은 모든 화학의 기초 활동이다. 원자가 연결되어 분자를 형성하며, 앞서 설명했듯이 분자는 단백질처럼 자연계를 구축하는 구성 요소의 구조를 만든다.

인간관계처럼 결합도 주고받기를 기본으로 하는데, 이때 주고받는 것이 전자다. 전자는 세 가지 아원자입자 중 하나로 모든 원자의 구성 요소다. 원자의 중심인 원자핵에는 양전하를 가진 양성자와 전하가 없는 중성자가 함께 있고, 원자껍질에는 음전하를 가진 전자가 있다. 이처럼 반대 전하들이 함께 있다는 것은, 원자 내부에서 경쟁 세력 간의 균형을 이루기 위해 끊임없이 줄다리기가 일어나고 있다는 뜻이다. 우리 인간의 머릿속이 그렇듯 말이다.

화학결합은 전자의 교환이며, 다른 원자와 결합하면서 전체적으로 더 안정적인 구조인 화합물을 이룬다. 불활성기체인 헬륨을 제외하면, 스스로 최적의 안정성을 이룰 수 있는 적절한 수의 전자를 가진 원자는 극소수다. 따라서 원자는 자신을 완성하기 위해 다른 원자를 찾아 결합한다(와!).

이런 점에서 원자는 자신들이 궁극적으로 창조하는 인간과 정말 다를 바가 없다. 더 행복하고 어쩌면 더 편안한 삶을 위해 관계 맺을 상대를 찾는다. 인간관계처럼 원자가 결합하는 방식도 다양하다. 때로는 진실한 마음이 만나 전자를 공유하기도 하고, 한 원자가 상대 원자를 위해 전자를 포기하기도 한다. 전자가 교환될수록 전하를 띤 생성물은 더 늘어난다.

나는 원자가 형성하는 다양한 결합과 삶에서 우리가 맺는 관계 사이에는 명백한 유사점이 있다고 믿는다. 이 점을 이해하기 위해 알아야 할 두 가지 주요 결합이 있다.

공유결합

가장 상호적인 형태의 화학결합은 공유결합으로, 둘 이상의 원자가 껍질구조를 완전하게 만들기 위해 전자를 공유한다. 원자 바깥쪽 껍질의 마법의 수는 8로, 원자가 안정성을 확보하는 데 필요한 전자의 수이자, 핵과 전자 사이 전자기력의 밀고 당김이 최소화되는 상태다.

이런 이유로 원자들은 일종의 화학적 스피드 데이트(여러 참가자가 주어진 시간 동안 자리를 옮겨 가며 마음에 드는 상대를 찾는 소개팅—옮긴이)에 참여해 딱 맞거나 자신의 할당량을 채울 파트너를 찾는다. 지금 우리가 들이쉬는 화합물 하나를 예로 들어보자. 주인공은 이산화탄소, CO_2다. 이 분자는 전자 네 개를 가진 탄소 원자 하나가 두 개의 산소 원자와 함께 두 개의 전자를 각각 공유하는 형태로, 양쪽 원자에 안정적인 전자 여덟 개를 제공한다.

공유결합은 공유를 통해 안정성을 갖추는 훈련이며, 둘 혹은 모든 파트너가 서로를 똑같이 필요로 하는 화학 균형을 만들어내는 공동의 노력이다. 공유결합은 삶에서 공동의 합의와 공유하는 원칙 및 가치를 토대로 하는 관계를 뜻한다. 연대감을 오래 지속시키고 극적인 사건이나 변동성을 최소화하는 선천적인 균형이 이루어진다. 누군가를 처음 만났는데 그를 항상 알았던 것 같은 느낌이 든다면 당신은 공유결합이 주는 느낌을 아는 것이다. 공유 관계의 우정은 굳건하고 즉각적이며 안심이 된다.

이온결합

공유결합이 상호 의존성을 나타낸다면, 이온결합은 주고받기에 더 크게 의존한다. 이온결합에서는 한 원자에서 상대 원자로 전자가 옮겨가면서 원자를 서로 붙들어주는 정전하$^{electrostatic\ charge}$를 만들어낸다.

일상에서 익숙한 또 하나의 성분을 예로 들자면 염화나트륨, NaCl이 있다. 이것은 나트륨이 자신의 가장 바깥쪽 껍질에 있는 전자 하나를, 이미 전자 일곱 개를 갖고 있는 염소에게 줄 때 생성된다. 이 과정을 통해 나트륨은 양전하를, 염소는 음전하를 띠게 되며, 두 원자는 서로 반대 전하의 인력을 통해 하나로 결합한다. 이렇게 해서 우리 식탁에 소금이 올라오는 것이다.

이온(극성)결합은 다른 것 사이의 인력에 토대를 둔 결합으로, 이온결합은 상호 보완성보다는 힘의 이동에 가깝다. 이는 당신이 자신과 완전히 다른 사람인 것을 알면서도 상대방에게 관심이 가거나 매력을 느껴 서로에게 가까이 끌리는 관계다. 이온결합은 사촌인 공유결합보다 강력해서 결합을 끊으려면 더 많은 에너지가 필요하다. 즉, 녹는점이나 끓는점이 더 높다. 이는 이온 관계가 감정적으로는 더 변덕스럽지만, 화학적으로는 실제로 더 안정적이라는 뜻이다. 이 자연스러운 비대칭성은 우정에서 힘의 균형을 나타내며, 건강한 관계라면 이처럼 시간이 지나면서 자연스러운 교환과 교체를 통해 균형을 이룬다.

이 외에 다른 종류의 결합은(공유결합과 이온결합이 주요 결합이지만 하위 범주들이 더 있다) 인간의 연결성의 본질이 어떻게 관계의 수많은 여러 요소를 지배할 수 있는지 보여준다. 선천적으로 강한지 약한지, 다름에서 형성됐는지 같음에서 형성됐는지, 힘의 공유에 기초했는지 힘의 불균형에 기초했는지 등을 들 수 있다. 관계처럼 화합물도 복잡해질 수 있고 여러 종류의 결합을 동시에 형성할 수 있다. 가장 좋은 사례가 물인데, 핵심 화합물인 H_2O는 수소 두 개(각각 전자 하나씩)와 산소 하나(전자 여섯 개)가 공유결합을 이루고 있다. 그러나 여기서 그치지 않고 수소는 이웃 분자의 산소에도 끌려가면서 또 하나의 이온결합을 형성하는데, 이것이 수소결합이다. 이처럼 이온결합과 공유결합이 뒤섞인 덕분에 물은 가장 다재다능하고 수용적인 분자 매개자가 된다. 수소결합은 여러분의 직장 동료나 운동 팀 동료와 비슷하다. 단짝이나 가족만큼 연대감이 강하지는 않지만 여러 상황에 폭넓게 적용할 수 있는 중요한 결합이다.

사회 집단의 다양한 역학을 이해하는 데 단백질의 특성이 도움이 되듯이, 사람들이 어떤 관계를 맺기를 좋아하는지 알아낼 때는 각각의 극성을 이해하는 것이 핵심이다. 외향적인 사람은 전자를 주려 하고 내향적인 사람은 대개 전자를 받으려 한다. 불활성기체 같은 사람도 있다. 전자껍질(개인의 삶)이 이미 완벽해서 더는 상호작용할 필요도 욕구도 없는 경우다. 원자가 필요한 전자 수에 따라 하나 또는 여러 춤 상대를 탐색하는 것처럼, 다양한 사람들도 자신을 완성해줄 한 명의 상대를 찾거나, 연대하고 결합할 여러 친구를 찾을 수 있다. 이렇게 사람들이 연결되는 범위, 혹은 원자가 결합할 수 있는 최대 수를 원자가라고 한다.

파벌을 만드는 불안정한 원자들

지금까지 이야기한 것과 반대로 잘 지내기 어려운 사람이나 적극적으로 대립하게 되는 사람도 있는데, 결합은 이런 적대적인 관계역시 설명해준다. 물에 기름을 몇 방울 넣었을 때를 생각해보자. 극성인 물과 저밀도의 무극성 기름이 만난다. 그 결과는 두 분자가서로 섞이는 것이 아니라 자기들끼리 상호작용하는 것이다. 이를 소수성(물과의 친화력이 적은 성질-옮긴이) 효과라고 부른다. 이는 매운 음식을 먹은 후에 절대 물을 마시면 안 되는 이유이기도 하다. 극성인 물은 고추의 핵심 성분이자 무극성인 캡사이신과 결합해서 그것을 씻어내는 대신, 그냥 흘러가면서 당신의 혀에 캡사이신이 골고루 퍼지게 한다. 그러면 캡사이신이 혀의 수용기에 더 많이 결합하면서 화끈거리는 감각이 더 심해진다.

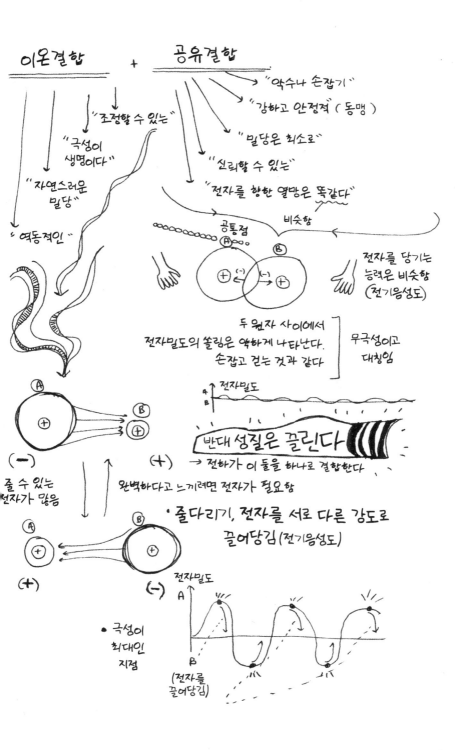

이온결합 + 공유결합

"악수나 손잡기"

"강하고 안정적 (동맹)"

"믿음은 최소로"

"조정할 수 있는"

"신뢰할 수 있는"

"극성이
생명이다"

"전자를 향한 열망은 똑같다"

비슷함

"자연스러운
믿음"

공통점

"역동적인"

전자를 당기는
능력은 비슷함
(전기음성도)

두 원자 사이에서
전자밀도의 쏠림은 약하게 나타난다.
손잡고 걷는 것과 같다

무극성이고
대칭임

전자밀도

반대 성질은 끌린다

(−) (+) → 전하가 이 둘을 하나로 결합한다

줄 수 있는
전자가 많음

완벽하다고 느끼려면 전자가 필요함

• 줄다리기, 전자를 서로 다른 강도로
끌어당김 (전기음성도)

(+) (−) 전자밀도

• 국성이
최대인
지점

(전자를
끌어당김)

소수성 효과는 일부 친구 패거리의 폐쇄적인 속성과 학교에서 일어나는 따돌림 현상의 적대적인 태도를 설명해준다. 자신들의 무리에 당신을 끼워주지 않는 사람이나 적극적으로 당신에게 신체적·감정적인 상처를 주려는 사람은 당신과의 결합을 원치 않는다고 정의할 수 있다. 그 무리는 원자라는 측면에서 안정적인 사회구조를 구축하고, 당신을 배제한 채 그 안에서만 계속 상호작용하기를 바란다. 이런 형태의 인간 소수성 효과는 자신처럼 불안정한 원자들과 결합하는 것으로 나타나며, 그들의 무극성과 집단이 만들어낸 불안한 안정성을 무너뜨릴 타인과의 연대를 원치 않는 것으로 정의된다. 이 무리를 하나로 묶는 것은 비판, 열등감, 거부에 대해 공통적으로 갖고 있는 공포감이다. 이들은 기름처럼 뭉쳐있지만, 더 넓게 보면 혼합물에서 고립된 상태이며, 다른 사람과 더 넓게 연대하면 그들이 지금까지 간신히 유지해온 연대감이 무너질까봐 두려워한다. 마찬가지로, 우리 같은 젊은이들에게는 너무나 가치 있어 보이는 사회 파벌은 때로는 강함과 확신이 아니라 나약함의 표출일 수 있다. 파벌은 다른 원자에 의해 자신의 실체가 드러나거나 압도당할지도 모른다는 공포를 드러낸다. 파벌의 뚜렷한 특징은 그들을 하나로 묶는 힘이 아니라 그들을 전체에서 외따로 떨어지게 하는 사고방식이다.

결합은 관계 맺는 방식을 보여주는 지도를 제공할 뿐만 아니라 근본적으로 양립할 수 없는 분자, 단순히 같이 어울리지 않으려는 분자를 대상으로는 관계 맺기가 불가능하다는 것도 알려준다. 사람들이 자신의 원자껍질에서 나오기 싫다고 하면 당신이 할 수 있는 일은 별로 없다. 결합은 또한 어떤 관계에서든 균형의 중요성을 강화한다. 모든 원자는 양전하를 띤 양성자로 가득한 핵을 가지고 있고, 음전하를 띤 전자가 바깥 궤도를 도는 구조라는 점을 잊지 말아야 한다. 원자가 이온결합으로 서로 이끌리면 두 핵은 더 가까워지는데, 두 핵 사이의 거리를 결합길이라고 한다. 결합 길이가 짧을수록 결합은 더 강하다. 두 핵이 지나치게 가까워져서 두 양성자가 서로를 밀어내기 시작하지 않는 한 말이다. 친구나 파트너가 당신에게 집착하거나, 당신을 통제하려 하거나, 우연히 당신이 바람피우는 현장을 보게 된다면, 경계선을 다시 그려야 할 때가 온다. 결합은 당신이 상대방과 효율적이며 안정적인 관계를 형성하기에는 지나치게 가깝거나 너무 멀어질 수 있다는 사실을 알려준다. 이 모든 것은 당신이 상대방과 구축한 결합에서 건강한 중간 거리를 찾고, 결합에 내재한 변동성을 이해하는 일과 관련된다.

친구나 파트너를 찾고 있다면 반드시 자신과 상대방의 원자가(결합력)를 알아야 한다. 원자가는 당신이 어떤 연결을 형성하게 될지, 즉 당신 자신을 주거나 받거나 혹은 당신의 일부를 공유할지, 그리고 결국 어떤 종류의 관계를 형성했는지 판단하는 데 도움이 된다. 잔잔하게 서로를 공유하는 관계부터 감정적이며 전하량이 크고 끊어내기 더 힘든 극성 관계까지, 형성하는 관계의 스펙트럼은 매우 다양하다. 원자가는 당신이 그런 관계를 형성하기에 충분히 안정적이며 개방적인지 결정하기도 한다.

결국 인간은 원자가 서로 결합하는 것과 같은 이유로 타인과 관계를 맺는다. 안정성, 안도감, 그리고 홀로 있을 때 부족한 무언가를 얻기 위해서다. 그러나 원자처럼, 이런 결합은 오직 꼭 맞는 파트너와 올바른 이유로 만들 때, 그리고 자신의 선천적인 안정성이 결합을 유지할 만큼 충만할 때만 형성할 수 있다.

관계를 지배하는 네 가지 힘

화학결합은 진공에서는 존재하지 않는다. 그것은 자연에 존재하면서 화학결합을 유지하고 운용하는 다양한 힘과 환경의 산물이다. 기본 힘은 원자가 결합을 형성하거나 파괴하는 이유를 설명한다. 그리고 시간에 따라 압력이 가해지는 과정과 영향력을 보여준다. 결합이 처음에 형성되는 과정만이 아니라 시간이 흐르면서 지속되거나 깨지는 과정도 궁금하다면, 기본 힘과 힘이 작용하는 방식을 이해해야 한다. 이 중에서도 가장 핵심이라고 여겨지는, 자연계에 존재하는 네 가지 '힘'을 알아보자.

중력

가장 약한 힘이지만 범위는 무한하다. 우리는 모두 중력이 작용하는 방식을 안다. 바로 우리가 땅에 서 있게 해주는 힘이다. 중력이 없다면 고정된 것은 존재하지 않을 것이다. 당신은 의자에 앉을 수 없고, 커피는 컵에 담기지 않을 것이며, 지붕도 집에 얹히지 않을 것이다. 삶에 안정감을 주는 지속적인 힘이며, 내가 노트북을 바닥에 놓고 앉아서 일하기를 좋아하는 이유이기도 하다. 이렇게 하면 내 아래에 있는 땅이 나를 붙잡아주는 한, 물건이 떨어질 여지가 줄어들기 때문이다. 중력은 질량에 비례하므로, 두 물체의 질량이 클수록 두 물체 사이에 작용하는 중력도 강해진다. 질량이 가장 큰 물체가 지휘권을 갖는 것이다. 태양계에서 달은 지구를 돈다. 달 크기가 지구의 4분의 1가량에 불과하기 때문이다. 하지만 태양은 지구 질량의 30만 배나 무거우므로, 지구는 태양의 중력장에 끌려간다.

인간관계에서도 같은 경향이 나타난다는 점에 주의해야 한다. 우리는 서로 동등한 파트너일까, 아니면 한쪽이 나이나 성격 같은 면에서 훨씬 더 큰 질량을 가지고 있어서 중력의 중심으로 작용할까? 이는 불균형을 초래해서 한쪽이 상대방을 압도하고 억누를 수 있으며, 반대로 삶에서 이런 종류의 닻을 찾는 사람이 있어서 자신에게는 부족한, 안심되는 질량(아마도 경험)을 가진 누군가에게 끌리는 것일 수도 있다. 어떤 경우든, 관계를 맺은 두 사람은 서로에게 중력을 전달하는 대상과 같다는 점을 인식하고, 평형 상태 혹은 평형 상태가 만들어낸 상황을 이해해야 한다. 대개 한 사람이 다른 사람 주위를 공전한다. 이런 상황을 이해하고 그 관계가 당신에게 맞는지 생각하는 것도 도움이 된다.

전자기력

관계에 관해 이야기할 때 매우 유용한 전자기는 전하의 극성에 따라 물체를 서로 끌어당기거나 밀어내는 인력의 과학 법칙이다. 전자기는 화학계의 로미오와 줄리엣으로 두 개의 수직력장에서 발생한다. 정전하 상태에서는 두 원자 안에 내재하는 극성(쌍극자라고 한다)이 말 그대로 결합을 이루는 순간이 있다(불행해지지 않기를). 여기에는 자기장도 영향을 미치는데, 전하를 띤 독립 개체가 회전하는 움직임은 너무 커서 고유의 역장을 만들어내며, 그에 따라 혼돈의 집단이었던 입자들이 응집하면서 방향성과 자기퍼텐셜magnetic potential을 가진 독립체가 된다. 이 두 힘이 함께 작용하면서 자연계의 근본적인 인력 법칙인 물리적 자력을 만들어낸다.

우리가 봐왔듯이, 전자의 이동으로 형성되는 전자기력은 이온결합 또는 극성결합을 만든다. 인간의 몸이 온통 전기 활성으로 북적인다는 점을 생각할 때, 거시적 수준에서도 우리가 비슷한 경험을 한다는 사실은 놀랍지 않다. 당신이 가끔 전자를, 그리고 그 외에 무엇이든 교환해야 한다고 느끼는 사람이 있다면 대부분 그에게 자기력을 느끼는 것이다. 이런 전자기력은 안정적이거나 불안정할 수 있고, 극성이라는 본질 때문에 흥분하거나 강력한 전하를 띠는 분극 현상이 일어날 수 있다. 이는 가장 흥미로운 인간관계의 정수이며, 인력이 가장 강력하게 작용하고, 위험하기도 하며, 항상 변동성이라는 위협이 따른다. 따라서 로맨틱한 관계에서 '불꽃'을 언급하는 사람에게 눈살 찌푸린 적이 있다면, 조금은 관대해질 것.

그들은 자신의 생각보다 더 과학적으로 행동하고 있으니까.

강력

이 장을 읽는 동안 어쩌면 한 가지 모순을 발견했을 수 있다. 그토록 많은 화학결합이 반대 전하를 띤 입자의 인력이나 같은 전하를 띤 입자의 반발력과 관련 있다면, 양성자는 어떻게 된 걸까? 모든 원자의 핵에 들어있는, 양전하를 띤 미세한 탁구공 뭉치가 어떻게 서로 붙어서 정전하가 시키는 것과 완전히 반대인 움직임을 보여주는 걸까? 간단하게 말하면 강력으로 알려진 힘 덕분이다. 당신은 아마 들어본 적 없겠지만 이 힘에 정말 감사해야 한다. 강력이 없다면 우리의 모든 원자는 분해되고 따라서 우리도 분해될 것이기 때문이다.

너무 깊이 설명하지 않으면서, 〈닥터 후〉에서 배제된 인물 이름처럼 들리는 새로운 친구들(쿼크, 글루온, 하드론)도 설명에서 제외하자면, 양성자가 서로 밀어내게 하는 전자기력보다 훨씬 센 강력이 존재한다는 사실을 이해하는 것으로 충분하다. 따라서 강력은 가장 강력하지만 범위가 매우 제한적이다. 인간적인 용어로 말하자면, 나는 강력이 우리를 하나로 붙들어주는 가장 본질적이며 뿌리 깊고 강력한 가치인 사랑, 충실함, 동질성, 신뢰 같은 것과 유사하다고 생각한다. 강력 그 자체처럼 인간은 이런 가치들을 볼 수 없고 완벽히 이해하지 못할지도 모른다. 그러나 우리는 삶에서 인간의 닻으로 기능하는 이런 가치가 얼마나 소중한지 알고 있다. 우리가 타인과 맺는 관계만큼 중요하고 가장 근본적인 요인 중 하나는 내부에서 나오는 강력이다. 때로 온 세상이 우리를 무너트리려는 것처럼 느껴질 때도 강력은 우리를 하나로 묶어준다.

약력

기본 힘의 마지막 하나인 약력은 입자가 변화하는 방식에 영향을 미치며, 일부 원자에 내재한 불안정성을 상당 부분 설명한다. 자연계의 네 가지 힘 중 실제로 가장 약한 힘은 아니며(불운의 주인공은 중력이다), 이름과 달리 영향력은 훨씬 더 크다. 아주 미세한 범위에 작용하는 약력은 원자의 내부 구성을 실제로 바꾸고 핵의 붕괴를 촉진할 수 있는 유일한 힘이다. 공식적으로 이 힘은 쿼크(양성자, 중성자, 전자를 구성하는 아원자입자 중에서 가장 작다)의 풍미 혹은 유형을 바꾸어서 핵을 붕괴시킨다.

약력은 원자가 불안정한 원인이며, 때로는 중요한 에너지 방출의 원천이다. 태양이 빛나려면 약력이 필요하다. 약력은 수소 핵을 헬륨으로 붕괴시키면서 대량의 열원자핵력thermonuclear force을 생성한다. 핵융합도 마찬가지다. 암시하는 바와 같이, 약력은 엄청난 불안정성과 파괴의 근원이 될 수 있다. 일상에서 이 힘은 때로 우리를 가스라이팅하고 죄책감에 밀어 넣거나, 우리의 확신과 자아 감각을 깎아내리려는 사람들에게서 나타난다. 당신을 자기에게 더 편리한 상태로 바꾸고 당신을 자신의 수준으로 끌어내리려는 사람도 있다.

그러나 다른 의미에서는 약력도 필요하다. 이제 더는 목적과 부합하지 않는 결합을 끊어내고, 어렵거나 독이 되어버린 관계에서 떠나게 해준다. 때로 이런 관계를 끊는 것은 이기적인 행동이 아니라 자기보존의 한 방법이다. 변화가 클수록 기회가 열리고 개인이 성장할 가능성도 있다. 기본 힘이 우리를 하나로 결합해서 유지한다면, 약력은 우리를 무너뜨리기 위해 존재한다. 우리는 이 힘에 저항할 때와 이 힘을 수용할 때를 구별해야 한다.

자연계의 네 가지 힘은 우리가 땅에 서있게 해주고, 인력과 척력을 만들며, 우리를 하나로 묶어주고, 대상을 파괴할 수 있다. 이 네 가지 힘은 인간이라는 존재의 모든 요소의 근원이다. 관계가 시작되고, 감정을 느끼고, 때로 예고 없이 관계가 무너지는 과정을 숙고할 때 필요한 지침을 제공한다. 또한 현재 발휘되는 서로 다른 힘 사이의 균형이 가장 중요하다는 점을 보여준다. 관계에서 무언가가 잘못됐다는 생각이 든다면, 거의 틀림없이 균형이 깨졌기 때문일 것이다. 아마 한 사람이 자성을 잃었거나, 상대방이 자신을 표현하고 발전하기 힘들 정도로 강한 중력의 닻을 제공했을지도 모른다. 때로 관계를 하나로 붙드는 강력은 그냥 소멸할 수도 있다. 아니면 약력이 둘 중 한 명에게 더는 화합할 수 없게 바뀌도록 강요했을지도 모른다.

타인과 사랑에 빠지거나 헤어지게 한 것이 무엇인지, 한때는 정말 소중했던 우정이 왜 흔들리는지 곰곰이 생각해 볼 때 자연계의 네 가지 힘은 좋은 출발점이 되어준다. 애초에 타인과 우리를 만나

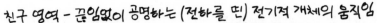

친구 영역 - 끊임없이 공명하는 (전하를 띤) 전기적 개체의 움직임

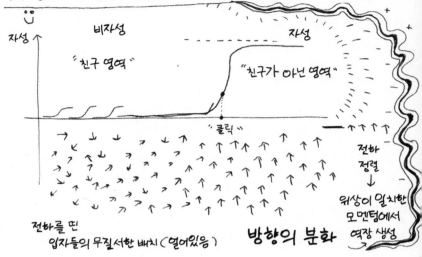

게 한 것이 무엇이었는지, 그런 상황이 어떻게, 왜 바뀌었는지 더 신중하게 생각하게 한다. 만약 당신의 삶에서 무엇인가가 모이거나 흩어진 이유가 궁금하다면, 대개는 자연계의 네 가지 힘이 답을 줄 것이다.

결합이 깨질 때

만약 결합이 우리가 인간으로서 관계 맺는 방식을 이해할 모델을 제공한다면, 그런 관계가 시간이 지나면서 낡고 분해되는 이유도 설명할 수 있다.

깨지지 않는 화학결합은 없다. 모든 화합물은 녹는점과 끓는점이 있으며 유일한 진짜 문제는 에너지가 얼마나 필요한가이다. 염화나트륨의 이온결합에는 소량의 물이면 충분하고, 특히 뜨거운 물이라면 더 좋다. 염화나트륨을 파스타 삶는 물에 넣는 것과, 관계가 끝나거나 우정이 틀어지는 것이 무슨 상관인가 싶겠지만 본질은 같다. 결합이 존재하는 상황이 변화했으며, 온도가 올라갈수록 결합은 이전처럼 강하지 않게 된다. 우리의 모든 관계도 마찬가지다. 관계가 끝까지 유지될 만큼 강한지는 결합의 본질과 상황이 변하는 정도에 달려있다.

예를 들어, 수소결합에 해당하는 가벼운 우정은 한쪽이 나라를 떠나면 지속되기 어렵다. 반면에 직장 동료와 이온결합을 발전시켰다면, 둘 중 한 사람이 직장을 옮겨도 두 사람은 여전히 가까운 친구일 것이다. 관계를 둘러싼 환경이 변해도 사람의 극성은 변하지 않는다.

사람들이 헤어지는 이유 중 가장 자주 나오는 말은 "그/그녀가 변했어"다. 우리는 그 단순하고 부적절한 구절로 개인의 진화라는 스펙트럼 전체를 포착하려 한다. 삶을 살아가면서, 성공을 즐기고 실패를 견디면서, 삶의 좋고 나빴던 경험을 되새기면서, 우리가 어떻게 변했는지를 한 구절로 표현하려 한다.

원자 화합물은 인간관계를 이해하는 유용한 모델을 제공하지만, 물론 우리 인간은 그보다는 더 복잡하다. 우리의 욕구, 성격, 목표는 시간이 지나면서 탄소 원자의 바깥 껍질과는 다른 방식으로 진화하기 쉽다. 탄소 원자는 항상 전자를 네 개 갖고 있을 테고, 자신을 완성하기 위해 산소 원자 두 개를 찾아다닐 것이다. 인간의 정전기적 욕구는 훨씬 더 대체하기 쉽다. 인간은 변할 때 성격과 인생관, 야망도 바뀌고, 이에 따라 원자가도 바뀔 수 있다. 다른 것을 추구한다는 말은 다른 사람을 찾는다는 뜻일 수 있으며, 파티 친구 대신 한결같은 친구를, 함께 즐길 파트너보다 가족을 돌보는 파트너를 찾게 될 수도 있다.

나는 최근에 가장 소중한 우정이 부서지는 일을 겪었다. 여러 해 동안 사귀었고 가장 강한 유형의 결합을 공유했던 사람이었다. 우리는 온종일 함께 앉아 기타를 연주하며 지칠 때까지 웃었다. 내가 맺었던 가장 편안하고 가장 즐거운 우정이었다. 그러나 우리의 삶은 갈라졌다. 우리의 경력이 다른 속도로 발전했을지도 모른다. 한때 우리를 그토록 강력하게 결속했던 공유결합은 색이 바랬고, 친구가 나에게 나로선 줄 수 없는 무언가를 더 바랐으리라는 느낌으로 대체되었다. 이런 상황에서는 종종 약력이 상대방을 장악해서 성격이나 행복의 일부를 변질시키고, 당신을 무너뜨리라고 위협하는 것처럼 느껴진다. 당신은 상대에게 전자를 주거나 공유해서 상대방이 자신을 다시 완성하도록 도와야 한다. 하지만 이 일이 항상 가능하지는 않다. 때로는 상대방이 요구하는 전자의 규모나 빈도가 너무 높아서 건강한 우정을 유지할 수 없을 때도 있다. 이럴 때는 자책하면 안 된다. 인간은 관계를 맺도록 만들어졌지만 타인에게 전자를 제공할 수 있는 한계가 정해져 있고, 우리 자신의 성격, 욕구, 독자성을 보호하는 강력을 갉아먹지 않는 선에서 해야 한다.

파트너나 단짝과 헤어지면 나오는 자연스러운 반응(분명히 실컷 운 뒤일 것이다)은 자신을 탓하는 것이다. 무엇을 잘못했는지, 다르게 행동해야 했는지 의아할 것이다. 결합은 우리가 더 균형 잡힌 관점에 이르게 한다. 어떤 관계도 버텨낼 수 없는 진화도 있고, 지금까지 당신의 진화에 중요한 역할을 해왔어도 그저 더 이상 지속될 수 없는 관계도 있다. 아마 관계가 무너졌다고 해서 우리도 무너질 필요는 없다는 사실을 깨우치는 것이 가장 가치 있을지도 모른다. 화학에서의 정의에 따르면 결합이나 원자 정체성의 변화는 상태의 끝이 아니라 또 다른 상태의 시작이며, 새로운 결합 가능성을 위한 여지를 만드는 것이다. 인간도 똑같다. 관계가 부서지면 따뜻한 우유 한 잔과 함께 새로운 시작을 다짐하며 위안받는 시간이 필요할지도 모른다. 그러나 아무리 많은 결합이 부서지더라도 우리는 항상 가장 인간적인 능력을 간직할 것이다. 새롭게 관계를 맺고, 새 친구를 찾고, 다시 사랑할 것이다. 우리의 바깥 껍질은 다음 전자를 주거나 공유할 준비를 마쳤다.

내가 이 장에서 이야기한 화학결합은 나노초 만에 형성할 수 있다. 나노초는 인간의 지각을 넘어선 시간 단위다. 인간의 관계 자체도 상당히 즉각적일 수 있으며, 다만 친화력affinity(단일 상호작용)과 결합력avidity이라는 생물학적 개념의 차이를 염두에 둬야 한다. 결합력은 시간이 흐르면서 모든 친화력이 응집해 생성된 힘이다. 결합력이야말로 진실로 유의미한 방식으로 사람들을 연결하며, 공유하는 경험, 관심, 가치, 야심이 복잡하게 얽힌 그물망을 통해 두 사람을 함께 엮는다. 이런 종류의 결합력은 오직 두 사람이 함께 진화할 수 있을 때, 최초의 공유결합이나 자력을 강화하고 심화해서 한 계점을 넘지 않도록 지킬 때만 만들어진다.

우리는 본능적으로 관계를 키워나간다. 친구와 가족, 파트너를 어떻게 보살필지 생각하는 데 시간을 쏟는다. 힘들어할 때 지지할 올바른 말을 고르고, 성공했을 때 함께 축하해주고, 생일에 무엇을 선물할지, 혹은 어떤 요리를 해줄지까지 고민한다. 동시에 말다툼과 역경, 의견 충돌에 집착한다. 그건 상대방이었나, 아니면 나였나?

화학결합과 기본 힘이라는 렌즈를 통해 관계를 이해하면 이런 문제를 새로운 관점에서 볼 수 있다. 인간관계에서 비롯되는 문제와 관계를 잇거나 파괴하는 요인을 깊이 이해할 수 있다. 우리가 타인에게 행사하는 힘과 타인이 우리에게 행사하는 힘을 알 수 있으며, 이 관계가 유익한 평형 상태일지 아니면 해로운 힘의 불균형을 가져올지도 이해할 수 있다. 나는 새 관계에 접근하는 방법을 알아내고, 본능적으로 자책하지 않으면서 어떤 이유에서든 틀어진 관계를 반성하는 데 그것을 활용한다. 때로는 누구의 잘못도 아닐 수 있다. 통제를 벗어난 힘 때문에 관계가 깨지기도 한다. 끓는 물에서 터지는 토르텔리니(면이 반지처럼 둥글둥글한 이탈리아 파스타의 한 종류–옮긴이)는 항상 있게 마련이다.

관계를 생각하다 보면 각각의 관계를 재평가하고 전체적인 관점에서 볼 수 있다. 다양한 관계는 우리를 다채로운 방식으로 양육한다. 공유결합은 한결같이 지지해주는 관계로 우리를 편안하고 안도하게 한다. 이온결합은 신나고 열정적인 관계로 종종 사랑을 발견하게 한다. 공유결합은 우리의 삶에서 한결같이 흐르는 강과 같아서, 밀려갔다가 밀려오고 방향을 바꾸기도 하지만 절대 마르지 않는다. 이온결합은 밤하늘을 밝히는 불꽃놀이와 같아서, 에너지와 가능성으로 우리를 열광하게 한다. 우리에게는 각기 다른 이유로 두 가지 결합이 모두 필요하며, 우리의 존재와 삶에 적절한 비율로 언제나 있어야 한다.

사람 몸을 구성하는 원자처럼, 우리도 계속 새로운 관계를 형성하며 소속감과 안정감이라는 근본적인 인간적 욕구를 추구한다. 이런 관계 중 일부는 덧없이 사라지고 일부는 지속될 것이다. 어떤 관계는 우리를 창조하고, 어떤 관계는 우리를 갈기갈기 찢어버릴 것처럼 느껴질 것이다. 새로운 관계를 형성할 때 자신이 완벽하게 냉정하고 객관적이며 감히 과학적이라고 말할 수 있는 사람은 없다. 그러나 화학은 인간을 정의하는 관계를 형성하고 깨뜨리고 때로 재형성할 때 확신을 주는 새로운 인생관과 신선한 관점을 우리에게 줄 수 있다.

CHAPTER 10

실수에서 배우는 법

딥러닝, 피드백 고리와 인간의 기억

ADHD가 있는 사람은 자신이 무엇을 하려 했는지 항상 잊는다. 작업기억working memory은 곧바로 사용할 정보를 단기간 저장하는 부분인데, 내 작업기억은 계속 떠오르는 새로운 생각과 충동, 감정적 반응으로 약화한다. 어디를 가든, 심지어 옆방에만 가도 작업기억이 항상 재설정되면서 조금 전의 상황을 잊어버린다. 나쁜 일을 기억해 원한을 품기가 거의 불가능할 뿐 아니라, 집을 나서는 순간, 어디를 왜 가려 했는지 종종 잊는다는 뜻이기도 하다. 또는 직장에 와서야 열쇠가 집에 있는 운동 가방에 있으며, 이달 들어 이것이 벌써 세 번째라는 사실을 깨달을 때도 있다. 집에 와서 집어 든 책에 갑자기 몰두하는 바람에, 혹은 곧바로 조립식 가구를 조립하기 시작하는 바람에 재킷 벗는 것을 몇 시간 동안이나 잊기도 한다. 때에 따라서는 출근길이나 프로젝트 작업 계획 같은 매우 어려운 일 한 가지에 너무나 집중한 나머지, 다른 것, 예를 들어 저녁 먹는 것은 완전히 잊어버리기도 한다. 내 생각은 뇌 근처를 앵앵거리며 날아다니는 파리처럼 시끄럽고 이질적이며, 체계적인 마음의 텐트를 단단하게 고정하는 말뚝과는 정반대다.

단기기억short-term memory은 내게 너무 어려운 과제였기에 나는 뇌가 기억을 처리하고 저장하는 과정을 수없이 생각했다. 그리고 단기기억력을 개선할 수 있는지 나를 대상으로 실험했다. 머신러닝에 관한 지식이 깊어지자, 과학자들이 개발하는 인공지능 체계가 기억에 관한 우리의 매우 인간적인 투쟁을 새롭게 보도록 도울 방법이 떠올랐다.

기억은 당신이 제시간에, 열쇠를 가지고, 바지를 입고서 출근하게 하는 데 그치지 않는다. 이 점은 중요하다. 기억은 인간인 우리가 누구인지를 나타내는 기본 구성 요소이기도 하다. 본능, 경험, 생활 사건은 현재의 우리를 구성하며, 미래에도 그럴 것이다. 기억을 이해하지 않고는 우리의 사고 과정, 심리, 사람과 상황에 대한 반응, 소중하게 여기는 것을 이해할 수 없다. 사실 우리 자신을 조금이라도 이해하기가 불가능하다.

반대로 기억이 어떻게 작동하는지 더 잘 이해하면, 즉 어떤 것이 증폭되고 억제되는지, 기억을 회상할 때 어떤 것이 표면 가까이 있고 어떤 것이 깊이 숨어있는지를 알면 삶에 더 집중하고 긍정적인 사고방식을 갖게 된다. 우리를 억누르는 나쁜 기억이 채워놓은 족쇄에서 벗어날 수 있고, 교훈을 배우거나 힘을 낼 수 있는 기억에 집중할 수 있다(유치하지만 사실이다). 기억을 그냥 두면, 불안하거나 부끄러웠던 행동, 말, 생각이 축적되면서 우리를 짜부라트릴수도 있다. 이런 나쁜 기억은 고통스럽기만 한 것이 아니라 우리가삶에서 전진하는 것을 적극적으로 방해한다. 예를 들어, 화요일 점심 식사 때 순전히 심심해서 발랐던 파란색 아이라이너 때문에 비웃음을 당했던 당혹스러운 기억 같은 것 말이다.

에너지처럼 기억도 파괴할 수 없으며 형태만 바뀐다. 다만 기억은 살아가는 매 순간 존재하므로 에너지와 달리 '창조'가 가능하다.힘든 시기라면 기억은 우리를 존재하게 했던 사람과 장소로 우리를 데리고 되돌아가서 편안함과 정신적 양분을 제공할 수 있으며,다음의 모험을 위한 토대를 닦는다.

기억은 우리 모두에게 내재하며, 좀 더 의식적으로 소유권을 장악할 수 있다. 기억은 근육처럼 훈련할 수 있으며, 강화할 필요는없지만 우리의 요구에 더 잘 부응하게 하려면 해로운 기억보다 유용한 기억에 우선순위를 부여해야 한다. 기억이 작용하는 방식과역량을 우리의 우선순위에 맞추도록 의식을 개발하면 우리는 더행복해질 수 있고, 더 집중할 수 있으며, 더 목적의식을 가질 수 있다. 나는 이 방법을 인간 뇌와 가장 비슷한 인공신경망의 최근 과학 연구 결과에서 알아냈다. 인공신경망이 정보를 처리해서 특정결과를 도출하는 과정을 최적화하도록 프로그래밍할 수 있는 것처럼, 우리 뇌도 우리의 삶이 창조한 정보의 바다를 더 효율적으로활용하도록 미세하게 조정할 수 있다.

당신의 삶에 남아있는 나쁜 경험의 그림자에서 벗어나는 방법이 궁금했다면, 당신의 미래 잠재력을 억누르는 예전 기억을 회피하는 방법이 궁금했다면, 이 장이 바로 당신을 위한 장이다. 나는 딥러닝 기술과 피드백의 힘을 활용해서 기억의 힘을 유리하게 활용하는 방법, 실수에서 배우되 과거(내가 여덟 살이었을 때 강박적으로 보라색 탱크톱을 입었던 기억 같은)에 묶이지 않는 방법을 알려주고 싶다.

기억은 과거에서 만들어지지만 가장 중요한 역할은 현재와 미래의 의사 결정에 정보를 제공하는 일이다. 우리가 기억하기로 선택한 것은 삶에서 마주치는 온갖 상황에서 어떻게 반응할지 결정하는 데 중요한 정보다. 인공지능에서 영감을 받은 올바른 비틀기를 통해, 우리는 기억을 잠재적인 무거운 짐 덩어리에서 가장 중요한 힘의 근원으로 바꿀 수 있다.

딥러닝과 인공신경망

인공신경망은 여러 측면에서 이상적인 인간 기억의 유사품을 제공한다. 첫째, 누구나 알다시피 인공신경망은 뇌를 본떠 만들었다. 인간의 직관, 인지, 사고 과정과 가장 가까운 대용품을 만들어내도록 설계했으며, 현재 인공지능은 이를 수행할 수 있다. 둘째, 인공신경망의 기능은 피드백 체계에 의존하며, 피드백은 특정 기억을 저장하고 그 기억에서 배우는 인간의 능력을 이해하는 데 중요하다. 나는 바로 이 피드백 고리, 그리고 그것이 우리의 기억을 프로그래밍하는 방식에 미치는 영향에 초점을 맞추었다.

일단 처음부터 시작해보자. 인공신경망은 무엇이고, 우리 인간에 대해 무엇을 알려줄 수 있을까? 인공신경망은 입력 즉 감각과 지각을, 출력 즉 결정과 판단으로 바꾸도록 프로그래밍한 알고리즘이다. 인공신경망은 딥러닝의 주요 도구이며 머신러닝의 부분집합으로, 기계가 자신에게 입력된 정보를 근거로 반복해서 '생각'해야 하는 복잡한 문제를 다룬다. 다시 말하면, 알고리즘은 받은 정보나 자료를 이용해서 특정 문제와 관련된 자신의 지식을 향상한다. 이는 도시의 차량 흐름을 분석하는 일, 역사 정보를 근거로 집값이 얼마나 오를지 예상하는 일, 누군가의 얼굴을 보고 기분을 예측하는 일일 수도 있다. 이 모든 사례에서 좋은 답을 도출하는 능력은 당신이 알고리즘에 더 많은 정보를 입력할수록, 알고리즘이 작업해야 할 참조점reference point이 더 많을수록 향상된다. 전통적인 머신러닝과 비교하면 인공신경망은 더 독립적이며, 무엇을 찾아야 할지 정의하기 위해 프로그래머에게 요구하는 입력의 양이 더 적다. 내부의 논리층을 통해 스스로 연결을 만들 수 있기 때문이다.

운전자가 없는 자율주행 자동차부터 공장의 대규모 자동화까지, 당신이 알고 있을 인공지능의 가장 혁명적인 사례는 모두 본질적으로 딥러닝에 의존한다. 상당한 한계가 있지만, 지금까지 개발된 '인간처럼 생각할 수 있는, 컴퓨터 프로그램 중에서는 인간에 가장 근접했다. 딥러닝은 응용 프로그램에도 활용되며, 여기에는 범

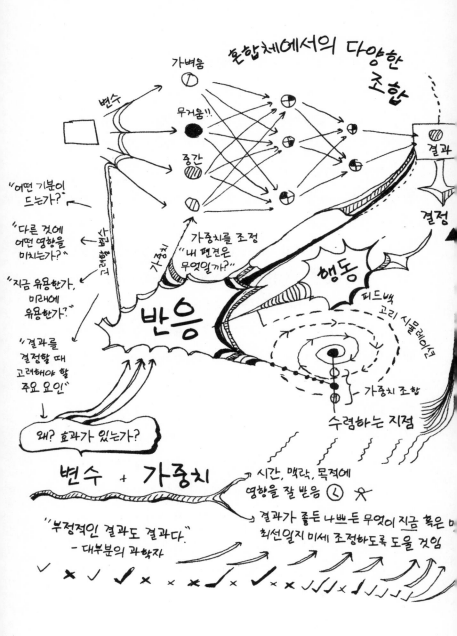

혼합체에서의 다양한 조합

가벼움

변수

무거움!!

중간

결과

결정

"어떤 기분이 드는가?"

"다른 것에 어떤 영향을 미치는가?"

산출물 더

가중치

가중치를 조정 "내 편견은 무엇일까?"

행동

피드백 고리 시뮬레이션

"지금 유용한가, 미래에 유용한가?"

반응

"결과를 결정할 때 고려해야 할 주요 요인"

가중치 조합

수렴하는 지점

왜? 효과가 있는가?

변수 + 가중치

시간, 맥락, 목적에 영향을 잘 받음

"부정적인 결과도 결과다" - 대부분의 과학자

결과가 좋든 나쁘든 무엇이 지금 혹은 미최선일지 미세 조정하도록 도울 것임

죄 확인, 의약품 설계, 가장 유능한 체스 선수와 겨룰 컴퓨터 프로그램이 포함된다. 이 모든 것은 인간 마음의 연결 능력을 모방하는 역량에 달려있다.

뇌를 본떠 만든 인공신경망은 뇌의 뉴런에 해당하는 다양한 데이터 입력으로 구성된다. 모두 세 층이 있는데, 입력층과 출력층, 그리고 알고리즘이 생각하는 장소이자 '은닉층'이라고 부르는 중간층이 있다. 자율주행 자동차를 예로 들면, 입력은 도로의 각도, 자동차 속도, 다른 자동차와의 거리, 승객의 무게, 도로에 있는 다른 방해물을 포함할 것이다. 이 모든 요인은 출력의 본질을 결정하며, 안전하게 운전하는 방법에 관해 알고리즘이 내리는 결정이다. 여기서는 뉴런 사이의 연결과 뉴런이 어떻게 활성화되는지가 가장 중요하다. 인공신경망에서 가장 결정적인 요인은 연결에 부과된 가상의 '가중치weight'이며, 이는 네트워크와 출력에 영향을 미친다. 프로그램은 입력의 가중치를 비교하고 계산하면서 결정에 다다르며, 특정 결과를 가장 잘 보여주는 입력 중 어떤 것을 신뢰할지 학습한다. 자율주행 자동차의 사례를 보면, 속도와 행인 및 다른 차량 같은 방해물과의 거리가 가장 큰 가중치를 가지며 결정에도 가장 큰 영향력을 행사할 것이다. 인공신경망의 궁극적인 목적은 시간이 흐르는 동안 대규모 시행착오를 겪으면서 연결의 가중치에 가장 정확한 값을 부여하는 것이다. 그래야 새로운 입력값을 받았을 때 그에 마땅한 우선순위를 고려할 수 있다.

따라서 인공신경망은 단순한 머신러닝 프로그램이 하듯이 바퀴, 다리, 팔, 사이드미러 등을 분리해 특징을 추출한 뒤 자동차와 행인의 차이점을 구분하기보다는, 자신이 가중치를 부여한 연결을 활용해서 대상이 무엇인지 알아낼 수 있다. 제일 중요한 점은 해답을 가장 정확하게 묘사한 데이터 포인트의 조합도 알아낸다는 것이다. (예시: 다리와 팔이 있으면 아마 그것은 혼다 시빅은 아닐 것이다.) 또 인공신경망은 자동차와 사람 이미지를 더 많이 입력할수록 시행착오를 통해 가중치와 데이터 포인트의 조합을 최적화하고 출력(결정)의 정확도를 최대화할 더 나은 기회를 얻는다. 인간이 살아가면서 다양한 기억층을 쌓아 올리고 연결을 확고히 하며 결정에 영향을 미치는 능력을 더 깊이 개발하는 것처럼, 인공신경망은 더 많은 기억(정보)을 처리할수록 더 복잡하고 정교해진다. 마치 처음 배우는 아이처럼, 인공신경망 역시 '마음'을 훈련할 기회가 더 많을수록 더 많은 정보를 갖추고 진화할 것이다.

이는 두 번째 중요한 요소인 피드백 체계 덕분이다. 인공신경망은 예측한 결과와 실제 결과를 비교해서 추정오차estimated error를 계산할 수 있으며, 오랜 친구인 경사하강법(201쪽으로 돌아가서 기억을 되살릴 것)을 활용해서 어떤 연결의 가중치 오류가 가장 큰지, 이를 어떻게 조정할지 결정할 것이다. 이 과정을 역전파backpropagation, 일명 자기 성찰이라고 부른다. 달리 말하면 인공신경망은 인간은 종종 서투른 일, 바로 '실수에서 배우기'를 해낸다. 사실 인공신경망은 애초에 그렇게 하도록 만들어졌으므로, 인간이 자신의 실수에 덧붙이곤 하는 감정적인 부담 없이 개선을 위한 고유 구성 요소로 피드백을 활용한다.

이와 대조적으로 인간은 피드백이 중요하다는 사실을 종종 의식적으로 상기해야 한다. 대부분 사람에게 피드백은 경멸의 단어다. 누구든 피드백을 꺼려한다. 가장 흔한 사례로, 직장에서의 피드백은 종종 부정적인 경험을 설명하는 중립적인 방식이며, 무슨 이유에서건 피드백을 들었다는 것은 작업한 결과물이 형편없었다는 뜻이다. 불편한 대화와 어색함에 꼼지락거리는 발, 뜻이 불분명한 말 같은 온갖 의미를 품고 있다. 그러나 이는 인간이 피드백을 주고받는 일에 너무나 서투르기 때문에 일어난다. 인공신경망은 피드백의 막대한 중요성을 상기시킨다. 예측한 것과 실제 결과를 비교하고, 그 결과를 토대로 가정이나 접근 방식을 조정해야만 발전할 수 있다. 만약 삶이나 직장에서 늘 똑같은 가중치를 가진 연결에만 의존한다면 우리는 절대 바뀌거나 발전할 수 없을 것이다. 또 항상 똑같은 일을 같은 방식으로 하면서 지루해하고 좌절하는 이유도 알 수 없을 것이다.

기억에 관한 한, 인간은 인공신경망의 피드백 중심 접근법에서 배울 점이 많다. 더 정확하게 말하면 피드백 과정을 인식하면 유익한데, 이는 피드백이 이미 일어나고 있기 때문이다. 뇌는 매 순간 처리하는 정보의 가중치를 매기고, 무엇을 기억할지, 그리고 그 기억이 즉시 사용할 단기기억인지, 아니면 항상 알고 있어야 할 장기기억인지 결정하느라 바쁘다. 우리는 자주 하거나 자주 생각하는 것(반복 덕분이다), 중요한 것(실제로 하던 일을 멈추고 그 일에 집중하니까), 특별한 영향을 미쳤던 사건과 순간들(이것도 주의 집중과 관련 있다)을 기억한다. 이 범주에 속하는 것들은 기억으로 저장될 뿐 아니라, 그 자체가 뇌 알고리즘의 일부가 되어 우리가 새로운 정보를 처리할 때 우리의 편견(가중치가 높은 연결)과 렌즈의 기울기에 영향을 미친다. 언젠가 뇌가 중요하게 여겼던 것은 다음에도 우선순위를 정하는 데 영향을 미칠 것이다. 그 역도 마찬가지다. 이 같은 기억의 연결과 연관성은 삶 전체를 관망하는 색유리 필터와 같다.

우리가 마주치는 모든 것을 기억할지 기억하지 않을지를 두고 일관된 순위를 매기는 과정을 인지하지 않는다면, 당신의 데이트 앱을 외부에 위탁하는 일이나 다름없다. 당신이 실제로 상대방을 마음에 들어 하는지 따지지 않고 이전의 선호도를 이용해서 누가 마음에 드는지 자동으로 결정하는 셈이다. 동시에 그것은 우리를 체계의 오류에 노출한다. 인공신경망이 너무 작은 데이터 집합을 토대로 가중치를 설정하거나(모델 과적합overfitting), 상관관계만 존재하는데 인과관계를 주장하면(허위 경보) 오류가 숨어들 수 있다. 만약 인공신경망이 고양이와 개를 발 크기로만 구분하도록 학습시킨다면, 아주 큰 고양이나 아주 작은 강아지의 사례를 놓칠 것이다.

인간의 뇌도 실수하기 쉽다. 뇌는 우리가 원하지 않는 것, 혹은 기억할 필요가 없는 것에 우선순위를 매기거나 우리가 하는 것을 기록하지 못할 수도 있다. 이런 '오류'를 통찰을 얻을 수 있는 데이터로 바꾸고 조정에 활용하려면 피드백 고리가 필요하다. 과학자라면 누구나 오류나 나쁜 결과는 없으며 오직 더 나은 학습을 위한 데이터만 있다고 말할 것이다. 따라서 효율성이 높아지도록 기억을 다시 프로그래밍하고 싶다면 핵심 가중치를 생산하는 피드백 고리를 더 신중하게 인지하고, 피드백을 최적화할 방법을 생각해야 한다. 적절한 피드백이 없다면 우리는 삶과 주변 세계를 보는 방식을 바꿀 기억력의 한 조각만을 사용하는 셈이다.

피드백 고리 재조정하기

그렇다면 피드백 고리를 만드는 것은 무엇일까? 어떻게 해야 과거의 빛과 어둠을 우리의 적이 아니라 친구 역할을 하는 기억으로 바꿀 수 있을까? 우리는 피드백 고리가 작동한다는 사실을 안다. 우리의 의식에 과거의 로맨틱했던 장소들, 한때 닳도록 입었던 낡은 카디건, 그리고 우리 삶에서 가장 당황스러웠던 사건('약혼의 장단점은 무엇인가?'가 적혀 있는 구글 검색창을 닫지 않은 채 남자친구에게 아이패드를 빌려줬다고 생각해보라)이 박혀있기 때문이다. 우리가 매일 모닝커피의 첫 한 모금을 기대하게 만들기 때문이다. 하지만 어떻게 해야 피드백 고리가 우리를 위해 일하게 할 수 있을까?

우선 삶에서 대량으로 축적된 정보에서 유용한 것을 분리하는 데서 시작한다. 인간인 이상, 시간이 지나면 기억층은 우리 안에서

엉겨 붙어 시간대별로 분리하기 힘들어지고, 지금 당장 무엇이 정말 중요한지 결정하기도 어려워진다. 과거의 오래된 벌레들이 현재로 기어들어와 당신의 판단력과 명확한 시야를 흐릴 수 있다. 컴퓨터도 똑같은 문제를 안고 있는데, 컴퓨터 메모리는 너무 많은 프로그램이 동시에 작동하면서 꽉 막히게 된다. 하지만 컴퓨터는 해결책도 갖고 있다. 디버그, 즉 더는 유용하지 않거나 필요 없는 것들을 제거하는 것이다.

디버깅은 누구에게나 어렵지만, 자폐스펙트럼장애가 있는 사람에게는 특히나 어렵다. 내 작업기억은 누더기 같지만, 세부 사항을 기억해 내는 일에서는 정반대다. 심지어 너무나 효율적이어서 방해가 되는데, 문득 지난달 통근열차에서 본 사람이 아보카도와 닮았다는 기억을 떠올리면서 현재에서 강제로 끌려 나올 정도다. 아스퍼거증후군이 있다는 것은 매의 눈, 블러드하운드의 귀와 코를 갖는다는 뜻이다. 둘 다 인간이 되려 노력할 때는 특별히 도움이 되지 않는다.

아스퍼거증후군이 있는 우리는 모든 것을 인지하고 상황의 모든 세부 사항까지 정보로 저장하기 때문에, 우리의 기억은 금세 가득 찬다. 정보 수집이라는 집착을 포기하기란 쉽지 않다. 상세한 기억은 우리의 일부이며, 우리의 존재를, 그리고 우리의 삶이 사람과 장소에 연결된다는 사실을 재확인하는 일이다. 당신의 마음이 모든 사건과 자극에 예민하다면, 자동차 경적이나 응급차 사이렌이 요란하게 울릴 때뿐만 아니라 조용할 때마저 그렇다면, 그리고 다른 자극에 항상 대비하는 중이라면, 그저 스위치를 꺼버릴 수 있는 문제가 아니다.

더불어 나의 일부분인 이 특성을 나는 절대로 잃고 싶지 않다. 끝없는 준비와 루틴으로 나타나는 집착은 세상을 다른 방식으로 보게 해주는 지각 능력이기도 하다. 다른 사람들은 눈길도 주지 않을 곳에서 아름다움과 다름을 발견하는 특성이다. 관찰하는 능력은 나를 개방적이며 활기차게 해주고, 종종 기술적인 현대성이 허락하는 것보다 내 야성에 더 가까워지도록 해준다.

그러나 아스퍼거증후군은 도전적인 과제이기도 하다. 모든 소음을 신호로 기록하면 인공신경망처럼 행동하거나 가중치를 매긴 연결 체계를 설정할 수 없기 때문이다. 이는 손이 많이 가는 쇼핑을 뜻한다(미안해요, 엄마).

그리고 다른 사람처럼 나도 항상 무리와 어울리고 싶었다. 엉뚱한 행성에 착륙했다고 생각했지만, 그렇다고 현지인들 사이에서 외계인처럼 살겠다는 말은 아니다. 웨일스에서 자라고, 코츠월드에서 학교에 다니고, 브리스틀에서 대학을 나와 런던에서 직장을 얻기까지, 나는 주류에서 유영하려 부지런히 움직였다. 내 마음속에서 끝내 몰아낼 수 없었던 한 가지는 영국인의 독특한 내성적 성향이었다. 영국인은 과묵하고 말없이 행동하며, 생각하는 바를 말하지 않고, 터무니없는 것이 곧 사라지리라 기대하며 무시하는 성향이 있다.

나는 과묵한 사람이 아니다. 열정적으로 킬킬거리며 웃고, 기쁨에 차서 소리 지르며, 격렬한 분노로 콧구멍을 벌렁거리며 울부짖는다. 내 감정은 항상 누구에게나 활짝 펼쳐진 책이었다. 하지만 나는 실험해보고 싶었다. 나는 더 내성적이며 더 중립적인 사람이 되고 싶었고, 더 객관적으로 보이는 태도로 삶의 혜택을 누리고 싶었다. 가설만 보면 최적의 삶으로 보였다. 조금 덜 밀리답게, 그리고 더 영국인답게 되는 것은, 돌멩이 하나를 과학적으로 던져서 두 마리 새를 잡을 기회로 보였다. 사람들과 어울릴 수단이었고, 웃자란 내 기억 은행의 덩굴손들을 가지치기할 방법이었다. 나는 시리나 알렉사(각각 애플과 아마존에서 개발한 인공지능 비서의 별칭―옮긴이)처럼 되고 싶었고, 전체가 지식으로만 채워지고 감정적인 짐은 모두 없어지길 바랐다. 실제로 사람들은 시리나 알렉사에 귀를 기울인다.

그래서 나는 실험을 준비했다. 내 신경 피드백 고리를 재조정해서 나를 '감정적인 괴짜'로 만드는 충동을 차단하고, 완벽하게 중립이며 매우 영국적인 사람이 가진 차분한 관점을 얻기로 했다. 이 일은 내 정신 컴퓨터 전원을 끄는 것만으로는 충분하지 않았고, 공장에서 나온 초기 상태로 복구해야 했다. 내 머릿속에 얽힌, 내가 열망하던 명확한 사고와 관계를 위축시키는 모든 유대관계를 학습하지 않은 상태로 되돌렸다. 마음속에서는 ADHD에서 비롯되어 감정적으로 일어나는 폭풍을 논리적인 사고와 신중한 행동이라는 잔잔한 봄바람으로 바꿀 수 있었다. 이틀마다 열쇠 챙기는 것을 잊어버리지 않으며, 너무 감정적으로 굴어서 의사를 무시당하지 않는 사람이 될 수 있었다. 이 실험을 하면서 나는 그동안 쌓여 있던 도움되지 않는 낡은 기억을 무시할 수 있게 되었고, 그 당시에 받았던 새로운 입력만을 근거로 논리적인 판단을 할 수 있었다. 내 편견을 지우고 신경 가중치를 재설정하면서 완전히 바닥에서 부터 다시 시작했다. 내 머리는 휴가를 받았다.

그러나 더 잘 기억하기 위해 시작한 이 실험은 훨씬 더 중요한 것들을 잊어버리면서 끝났다. 실험하는 동안 첫 번째 데이트를 했던 한 소년은 내게 무엇을 좋아하는지 물었다. 나는 할 말이 전혀 없다는 것을 깨달았다. 내 편견과 선호도를 지워버리려 의식적으로 노력했기 때문에, 골치 아픈 취약성을 제거하려 했기 때문에, 내가 무엇에 관심 있었는지 더는 알 수 없었다. 내 영혼은 화석이 된 것 같았고, 머릿속에 가득 찬 안개 속에서 나 자신을 완벽하게 잃어버려서 잊어버릴 것이 거의 남아있지 않았다. 나는 즉시 압도적인 슬픔을 느꼈다. 그리고 두려워졌다. 내가 무슨 짓을 한 걸까? 아이러니하게도 이때쯤 나는 애초에 왜 이 실험을 시작했는지조차 기억할 수 없었다. 화이트보드에 기록하는 것까지 잊어버렸기 때문이다. 좋아, 잘했어, 밀리. 다시 한번, 강박장애의 일관성 항목에서 만점을 받았구나.

많은 실험이 그렇듯이, 이 실험은 거의 완벽한 실패였다. 내 본질적인 편견과 진짜 나를 지우고 부정하려던 위험한 충돌이었다. 그러나 실패한 실험들이 그렇듯이, 이 실험도 내게 중요한 교훈을 가르쳐주었다. 첫째, 우리에게는 하나의 영혼과 인격이 있으며, 이는 온전히 우리만의 것으로 수치심이나 후회의 근원이 되어서는 안 된다. 우리는 이 인격을 부정하거나 거부하지 말고 잘 돌봐야 하지만, 동시에 이들의 인질이 되어서는 안 된다. 나는 자폐스펙트럼장애, ADHD, 범불안장애가 있는 나 자신, 완전한 밀리 자체를 부끄러워하지 않고 사랑하는 법을 배웠다. 나는 평생 내 안에서 경쟁하는 부분들의 균형을 맞추고, 각각을 가장 유용한 곳에 활용하며 살아왔다. 그 자체만으로 온종일 매달려야 하는 일이었고, 그 일은 과학이자 예술이기도 했다.

그렇다고 내 안에 있는 인격의 많은 행동이 완벽한 골칫거리가 아니라는 뜻은 아니다. 건망증. 두려움. 거대한 감정을 다루려는 분투. 우리는 이 인격을 사랑하면서 동시에 이 인격으로 존재하는 일을 증오할 수도 있다. 그보다 더 나은 선택은, 문제가 될 행동을 발견하면 그 행동을 조금씩 깎아버리는 것이다. 내 주의력은 항상 여기저기 흩어져 있어서 순간적인 기억이 침식되면 나는 종종 무언가를 잊어버린다. 나는 연기와 큰 소음이 무섭다. 신경망 깊은 곳에서 26년 동안 이런 자극에 그런 방식으로 반응해와서 이 연결은 되돌릴 수 없을 정도로 가중치가 커졌기 때문이다. 그래서 내 정신 컴퓨터는 두려워하는 반응을 내뱉고는 도망쳐 버린다. 이런 반응은 기억이 축적된 정보와 부조화를 통해 조절한다. 즉 기억을 훈련하고 피드백 고리를 목표로 삼아 처리할 수 있는 문제라는 뜻이다.

나는 마술처럼 건망증이나 두려움을 없앨 수 없다. 하지만 건망증이나 두려움을 더 잘 처리하고, 내가 어려움을 겪을 상황을 대비하며, 신경 경로를 다시 조절해서 이미 존재하는 가중치의 균형을 잡을 수는 있다. 고통스럽지만 보람 있고 깨달음을 얻을 수 있는 과정이고, 우리 자신의 정신 컴퓨터를 미세하게 조정하는 사치를 누릴 수 있다.

이런 조절 중 일부는 아주 실용적이다. 내 방은 무질서해 보이지만, 실제로는 하루를 헤쳐나갈 단서로 가득하다. 내 하루는 침대 오른쪽에 있는 실내 가운과 칫솔에서 시작되는데, 아침에 일어나면 제일 먼저 욕실로 가서 양치질하라고 내게 상기시키는 방법이다. 당신에게는 이 외의 다른 것들도 분명히 괴상하게 들릴 것이다. 나는 약 먹는 것을 기억하려면 이벤트를 만들어야 하므로, "해그리드!"라고 소리치며 혼자서 춤을 춘다. 미친 짓 같겠지만 이렇게 하면 최소한 잊지는 않는다. 정말 중요하지만 너무 쉽게 잊어버리는 무엇인가를 내가 기억할 가능성에 가중치를 더하는 행동이다. 여기에 덧붙여서 장황한 포스트잇 메모가 내게 다음과 같은 것들을 상기시킨다. 양말을 신을 것, 엄마에게 전화할 것(포스트잇 두 개), 주머니에 5파운드가 들어있는 청바지를 세탁하지 말 것.

기억해야 할 것을 기억하는 일은 넓게는 자신에게 무언가를 상기시키는 올바른 방법을 찾는 문제다. 두려움을 잊는 방법은 이보다 더 복잡하다. 그러나 이것은 피드백 고리와 역전파에 관한 문제다. 나는 연기나 고약한 냄새가 실제로는 내게 해를 미치지 않는다는 걸 알기 때문에 이 증명된 결과를 이용해서, 두려워하라고 속삭이는 가중치를 가진 연결의 균형을 맞춘다. 나는 그동안의 출력 실적으로 나 자신을 안심시켜서, 내가 특정 상황에 반응하는 방식을 조절하는 입력을 갱신할 수 있다. 이에 따라 부정적인 감정이 마술처럼 긍정적인 기분으로 바뀌지는 않겠지만 느낌의 강도를 줄일 수는 있으며, 그 연결에서 다이얼을 살짝 돌려 내가 공황 발작이라는 벼랑에서 더 자주 물러날 수 있게 한다.

아마 당신의 기억과 피드백 고리에는 원래보다 더 과장되어 나타나는 과거 경험(끝이 안 좋았던 이별처럼)이나 우리가 과대 해석할 수 있는 긍정적인 확언(당신이 결국 살아남아 이야기를 전할 수 있다고 해서 마지막으로 마신 한 잔이 좋은 선택이었다는 뜻은 아니다)처럼 별난 점과 뒤틀림이 있을 것이다. 중요한 것은 이 과정의 소유권을 의식적으로 장악해야 한다는 점이다. 그러지 않으면 삶에 관해 생각하고 의사 결정을 내리는 방법의 온전한 소유권은 자기도 모르는 사이에 콧노래와 함께 사라질 것이다. 지난 관계가 힘들었기 때문에 새로운 관계를 맺으려 고군분투하고 있다면, 당신의 이전 관계가 당신을 정의하지 않는다는 사실을 기억해야 한다. 그 관계의 가중치는 어쩌면 당신의 피드백 고리에서 지나치게 무거워서 새로운 관계의 장점을 판단하는 당신의 능력을 억누를지도 모른다. 불확실성이든 과도한 자신감이든 우리는 특정 방식으로 감정을 느끼는 원인을 생각해야 하며, 앞선 경험에서 생성되어 우리의 기억 은행을 가득 채우고 피드백 고리에 영향을 미치는 감정의 뿌리가 어디 있는지 찾아야 한다. 일단 이 작업을 끝내면, 좋은 기억이든 나쁜 기억이든 적절한 맥락에 집어넣고 그에 맞춰 가중치를 조절하기가 쉬워진다. 실수에서 배우고 콤플렉스를 극복하며 인간이 성취할 수 있는 만큼의 객관성에 가까운 무엇인가를 가지고 미래를 기대하는 것이다.

어떤 대상을 향해 느끼는 감정이나 특정 상황에 접근하는 방식을 바꾸고 싶다면 피드백 고리에서 시작해야 한다. 본능적인 반응이 평생의 기억과 경험의 영향을 받으며, 우리 뇌가 계산하는 방식을 결정하는 가중치를 가진 연결을 만든다는 사실을 깨달아야 한다. 우리가 삶에서 소중하게 여기고 강하게 느끼는 감정은 우연히 나타난 것이 아니다. 모두 우리의 살아있는 기억에 뿌리내리고 있으며, 이를 바꿀 유일한 방법은 피드백 고리를 통해 서서히 조정하는 것뿐이다.

피드백 고리에는 양성과 음성, 두 종류가 있으며 계를 학습시킬 때 둘 다 중요한 역할을 한다. 양성 피드백 고리는 어떤 것을 더 하도록 고무하며, 전체 계산에서 가중치와 중요성을 더 크게 부여한다. 대상에 대해 더 대담해지도록 계(즉 우리 자신)를 격려할 때 이용한다. 음성 피드백 고리는 반대 효과를 나타내도록 설계되었으며, 특정 요인을 제한하거나 통제한다. 양성 피드백과 음성 피드백 모두 각자의 장점과 결점이 있다. 양성 피드백 고리는 자극을 주지만 삶의 즐거움과 영감은 때로 걷잡을 수 없이 통제를 벗어날 수 있으며, 특히 그 대상이 술과 마약이라면 관련된 기억 속의 황홀경을 다시 경험하려 할 때 더더욱 통제를 벗어난다. 반면 음성 피드백 고리는 안정시키는 힘으로 작용하지만, 당신이 자기 성찰과 허무함의 터널 속으로 들어가게 할 수 있다. 내가 우울증에 걸렸을 때는 나쁜 기억과 경험이 내 긍정적인 에너지를 억눌러 내가 완전히 쓸모없다고 느꼈고 여러 날을 움직일 수 없을 정도였다. 이것이 음성 피드백 고리의 궁극적인 발현으로, 당신은 이전의 모든 좋은 기억과 감정이 효율적으로 소멸하는 경험을 하게 된다.

양성 피드백 고리를 만들고 싶다면 우리가 두려워하는 것을 조금씩 경험하면서 자신감을 구축하고, 우리에게 주저하고 두려워하라고 말하는 가중치를 조금씩 깎아내면 된다. 그러면 두렵게 여기는 일들을 실제로 해낼 수 있다. 예전에 나는 친구와 억지로 이른 바 '세계 최고의 축제'라는 음악 축제에 가기도 했다. 엄청난 소음, 끝없는 엉망진창, 수상쩍은 냄새와 예측할 수 없는 군중까지, 축제는 기본적으로 아스퍼거증후군이 있는 사람에게는 모르도르(《반지의 제왕》에 등장하는 나라로 '어둠의 땅'이라는 뜻-옮긴이)나 다름없다. 여기서 나는 내 개인 기록을 깨고 열세 시간 동안 완벽한 공황 발작을 다섯 번 일으켰고, 그중 한 번은 우연히 사람이 빽빽이 들어찬 무대 맨 앞쪽의 춤추는 곳에 갇혔을 때라는 사실은 더 말하기도 싫다. 충격으로 기절한 나는 군중의 손에 파도타기하듯 실려 가서 의료 막사로 옮겨졌고 의료 팀은 부모님께 전화했다. 나를 구출하러 온 아빠는 내게 팡씨 가족은 행복한 캠핑족이 될 수 없다고 말하며 웃었다.

나는 실험하는 나의 능력으로 그 경험에서 위안을 끌어냈고, 경계선을 시험했으며, 내게 낯설고 심지어 불쾌한 것이 반드시 치명적이지는 않다고 스스로 상기시켰다. 누구도 다시는 비치브레이크 페스티벌에 가는 나를 볼 수 없겠지만, 어쩌면 텐트에서 잠을 자는 나 역시 볼 수 없겠지만, 간략하고 짧았던 그 모험을 한순간도 후회하지 않는다. 나는 짧게나마 축제를 즐겼고 그와 같은 새로운 경험에 다시 도전하고 싶다.

때로는 무언가를 하지 않도록 음성 피드백 고리를 만들고 싶을 수 있다. 그러려면 특정 행동의 문제적 결과에 더 집중해야 하며, 우리가 특정한 일을 하는 이유와 그 일이 예외 없이 우리를 이끌고 갈 종말점 사이의 불균형을 뇌에 상기시켜야 한다. 그것이 과거의 유물이든 당 두통이든, 운동을 너무 격렬하게 한 나머지 아픈 것이든 상관없다.

양성 피드백과 음성 피드백 고리는 우리가 주의를 기울이든 말든 계속 우리의 뇌 속에서 날아다닌다. 내 경험으로는 이들의 존재를 더 의식할수록, 예상과 달리 좋거나 나빴던 출력을 떠올리면서 이들을 재조정하려 더 노력할수록 마음 상태를 더 잘 통제할 수 있다. 제대로 기능하는 체계는 인간이든 알고리즘이든 양성 피드백과 음성 피드백의 적절한 균형에 의존한다는 사실을 기억하는 것도 좋다. 우리에게는 새로운 것을 경험하고 배울 수 있도록 양성 피드백도 충분히 있어야 하고, 어리석은 결정을 하거나 우리 자신을 위험에 처하게 하는 행동을 억제하기 위한 음성 피드백도 충분히 있어야 한다. 평형 상태를 유지하고 싶다면 양성 피드백이든 음성 피드백이든 남용해선 안 된다. 인공신경망이 자율주행 자동차를 안전하게 운전하려면 정보를 너무 공격적이거나 지나치게 조심스럽게 해석해서는 안 되는 것과 같다. 그러나 양성과 음성, 둘 다 없다면 아무것도 할 수 없다. 우리가 맞닥뜨릴 다양한 상황에 맞추어 배치하고 조정하려면 두 가지 모두 필요하다.

나는 실험을 통해, 살아오면서 축적한 기억과 정신적 전제 조건을 그냥 버릴 수는 없다는 사실을 배웠다. 좋든 싫든 이것들은 우리를 사람으로 만들었고, 감정을 주었으며, 우리에게 닻이 되어주는 본질 혹은 인격을 부여한다. 이런 편견은 때로 적처럼 느껴지기도 하지만 사실은 그저 나일 뿐이며, 나 자신의 가장 순수한 표현이다. 그러나 편견의 존재를 수용하는 것이 편견에 굴복한다는 말은 아니다. 편견을 인지하면 우리는 통제력을 유지할 수 있으며, 서서히 작업해서 실제 경험을 활용해 피드백 고리를 준비시키고, 지극히 중요한 경험의 가중치를 조정할 수 있다. 잠재의식 속의 편견을 의식의 영역으로 끌어올려 우리가 무엇을 다루는지 알아야 한다. 오래된 사진을 보는 것처럼 두려운 동시에, 아주 우스울 수도 있는 과정이다.

기억을 완전히 지워버리고 내가 좋아하는 머그잔을 어떻게 잡을지부터 다시 배우는 것은 올바른 길이 아니라는 사실을 기억에 관한 실험으로 알 수 있었다. 인공신경망에서 배울 점은 많지만, 인간은 축적해온 모든 것을 제거해서 더 효율적으로 기억을 사용할 수 있는 컴퓨터가 아니다. 나는 기억 전체의 포맷 대신, 기억을 계속 갱신하는 과정에 정착하기로 했다. 매년 혹은 2년마다 나는 내 마음속 맨 앞에 있는 기억의 여러 층을 살펴볼 것이다. 한때 유용했지만 이제는 쓰임을 다한 기억층은 옆으로 제쳐두고, 내게 영감과 집중력, 행복을 주는 기억층들을 하나로 엮을 것이다. 과거에 대한 후회를 줄이고, 앞에 놓인 도전을 대비해 마음을 날카롭게 하는 방법이다. 어느 때든 기억은 우리 삶의 태피스트리에 나타난다. 그 태피스트리에 짜인 그림을 우리가 선택했다는 사실을 잊지 말아야 한다.

살면서 일어나는 일을 모두 통제할 수는 없지만, 기억이 이런 경험을 저장하고 활용하는 데 영향을 미칠 수는 있다. 우리가 가중치를 부여한 대상, 그 사실을 기억하는 방식과 이유는 완벽하게 우리의 통제에 놓여있다. 살아가면서 당신에게 힘이 되고 진짜 자신이 누구인지 상기시키는 것은 무엇이며, 당신이 할 수 있는 일은 어떤 것인가? 반대로 앞으로의 행동과 결정에 과속 방지턱 역할을 할 수 있는 최악의 상태는 무엇이며, 나중에 후회할 일을 상기시키는 것은 무엇인가? 우리는 좋은 것과 나쁜 것, 논리적인 것과 감정적인 것, 내 기분과 타인의 기분 사이에서 선택하고 우선순위를 정해야 한다. 이 모든 요소는 피드백 고리가 계속 활기를 띠게 한다. 어떤 요리법이든 비율이 중요하듯이, 우리도 무엇에 정말 집중할지, 이 기억을 어떻게 처리하고 저장할지 결정함으로써 선택한다. 실수에서 배우라는 말은 진부하고 지나치게 단순하게 들리겠지만, 이는 마음과 기억이 우리에게 유리하게 움직이도록 하는 방법에서 실제로 중요한 부분이다. 건강하고 균형 잡힌 피드백 고리를 만들어

다가올 미래의 도전에 더 잘 대비하고, 오랜 시간에 걸쳐 이런 부분을 미세하게 조정하기를 두려워하지 말아야 한다.

피드백 고리는 무의식적으로 작동하지만, 피드백 고리를 실제로 소유한다는 것은 엄청난 힘이다. 피드백 고리가 어떻게 작용하는지, 우리가 조정할 수 있는 부분은 무엇인지 생각하게 되기 때문이다. 집중과 주의력은 기억을 생성하는 과정에서 매우 중요하다. 아빠의 라자냐는 내가 세상에서 제일 좋아하는 요리여서, 어렸을 때는 그것을 항상 내 앞에 놓았다. 그리고 언제든 내가 집에 있는 것처럼 편안함을 느끼고 싶을 때 떠올릴 수 있도록 라자냐의 냄새와 모습을 10초 동안 눈도 깜빡이지 않고 기억에 새겼다. 이런 간단한 방법으로 누구나 쓸모없는 기억보다 유용한 기억에 우선순위를 두도록 훈련할 수 있다. 힘, 안도감, 위안을 제공하도록 기억의 능력을 최대한 발휘하게 하는 것이다.

기억 때문에 불안, 수치심, 후회를 느낄 수도 있다. 무의식적으로 자라서 진화하게 내버려두면 이 기억은 종종 우리의 경험과 과거의 결정을 부정적으로 곱씹도록 우리를 부추기고, 몇 초, 몇 달, 심지어 이후 몇 년 동안 그 기억 속에서 다시 살게 한다. 우리는 기억력에 대항하여, 역사의 미로나 후회, 우리가 결코 돌아갈 수 없는 사람들과 장소에 갇히지 않으려 애써야 한다. 솔직히 말하자면 우리 대부분은 아마 양성 피드백보다는 음성 피드백 고리 안에서 더 많이 살 것이다. 자신감을 서서히 깎아내고 미래의 판단 궤도에 영향을 미치는 나쁜 경험과 기억만 선택적으로 축적하면서 말이다.

그러나 우리는 기억 없이는 살 수 없기도 하다. 내가 발견한 바에 따르면 기억은 우리 인류의 너무나 본질적인 요소라서, 결함 있는 엔진 부품처럼 단순하게 제거할 수 없다. 컴퓨터처럼 기억을 포맷하려면 절대로 적절하게 대체할 수 없는 너무나 많은 것을 제거해야 한다. 따라서 우리가 할 수 있는 최상의 선택은 미세하게 조정하는 것, 즉 이 강력하고 때로는 위험한 우리 자신의 근원을 최대한 활용하도록 오랜 시간에 걸쳐 조정하는 것이다.

CHAPTER 11

인간처럼 행동하는 법

게임이론, 복잡계, 그리고 예의

"잘 있었니, 밀리? 엄마 계시니?"

"네, 계세요." 나는 대답한 뒤 전화를 끊었다. 임무 완수.

"누구 전화였니, 밀리?"

"괜찮아요, 제가 잘 처리했어요."

'이해'가 제대로 안 되는 것은 내 삶에서 반복되는 특징 중 하나 였다. 반쪽짜리 의미와 모호한 몸짓, 번역할 수 없는 암시가 가득한 정상적인 세상에서 아스퍼거증후군을 가지고 사는 일은 지뢰밭을 걸어서 통과하는 것과 같다. 혹은 실수로 옥수수밭에 지뢰를 뿌리 는 것과 같다. 어느 쪽이든, 당신이 당황스러운 상황을 두려워한다 면 아스퍼거증후군이 있는 사람은 당신에게 위험한 존재다.

그러나 이것이 내게 문제가 된 적은 전혀 없었다. 나는 기쁘게 항해해 나갔고 모든 사람에게(진짜 '모든' 사람이다) 똑같이 대했다. 나는 본 대로 말했고, 생각한 대로 말했으며, 무례한 사람에게는 거리에서도 소리 질렀다. 나이, 손윗사람, 평판 같은 건 내 머릿속에 없었다. 그러나 대가 없는 것은 없는 법이다. 태평스럽고 전후 상황을 무시하는 내 생활방식은 내가 타인과 그들 각자의 욕구에 공감할 수 없게 했다. 8장에서 설명했듯이 공감하기 위해 나는 베이즈 정리를 이용해서 공감을 제조했다. 그러나 그 과정에서 나는 당황스러움에서 나를 보호해주던 갑옷을 잃었다. 나는 최근 들어 타인의 판단에, 사회의 예의범절 요구에 민감해졌다. 그러고서야 그 지뢰밭이 실제로 얼마나 넓었는지 깨닫기 시작했다. 몇 가지 예를 들어보겠다.

당연히, 데이트 이야기가 제1순위다. 지금 나는 내 패를 모두 탁자에 올려놓을 것이다. 물론 나는 절대로 추파를 던지지는 못한다. 하지만 모든 역경을 이겨내고, 앱이 만든 모든 방해를 뚫고, 나는 데이트에 성공했다. 데이트 상대 중 한 명은 가운데 이름이 우연히도 돼지고기 제품명과 같았다. 함께 점심을 먹는 그가 긴장한 듯 보여서 나는 그의 긴장을 풀어주려 살라미를 주문했다. 그러나 그는 채식주의자였고 내가 자신을 놀리고 있다고 생각했다.

또 한번은 집에 온 손님이 차보다 '조금 강한 것'은 없냐고 묻기에 커피를 낸 적도 있었다. 기차역에서는 한 남자가 점퍼 속에 폭탄을 숨기고 있는 것 같아서 경찰에 신고한 적도 있다. 경찰은 남자에게 셔츠를 들어 올리게 했는데, 치명적인 무기라고 생각했던 것은 털이 복슬복슬한 맥주 배였다. 지팡이를 짚는 엄마 친구분이 나를 안으려 몸을 기울였을 때, 내가 거칠게 뒤로 물러서는 바람에 그분은 바닥에 넘어졌고, 나는 재빠르게 도망쳐야 했다. 그리고 나중에, 크리스마스 음악에 맞춰 춤을 춰서 실수를 만회하려던 나는 흥에 취해 열정적으로 손을 휘두르다가 삼촌의 눈을 찌르고 말았다.

친자매나 다름없는 친구와의 저녁 식사 사건은 말할 것도 없다. 그는 나의 요가 동료였고 자신의 '결실'에 빠져 있었는데, 나는 내 사랑과 우리의 관계를 표현해줄 완벽한 선물을 주고 싶었다. 나는 아유르베다(고대 인도 힌두교에서 유래한 대체 의학 체계-옮긴이) 다이어트에 중요한 식품인 아주 큰 수박을 들고 약속 장소에 정시에 도착했다. 친구의 표정은 혼란스러웠고, 결국 나중에 자신이 사실 수박을 좋아하지 않는다고 말했다.

타인이 생각하는 나를 의식할수록 타인이 내게 기대하는 행동의 끝없는 복잡성을 더 의식하게 되었고, 장소와 집단, 사람에 따라 예상되는 행동이 어떻게 달라지는지도 잘 알게 되었다. 여기서는 우스운 농담이 왜 저기서는 당황스러운 말이 될까? 이곳에서는 특정 방식으로 음식을 먹을 수 있는데, 친구 집이나 레스토랑에서는 왜 안 될까? 직장에서 상사의 말을 반박할 시기적절한 때는 언제인가? 규칙은 무엇이며, 누가 결정하고, 어디서 설명서를 구할 수 있는가?

중국과 웨일스 문화가 완벽하게 혼재하는 환경에서 자란 나는 서투른 관찰자에게 예의범절이 얼마나 까다롭고 어려울 수 있는지 잘 안다. 팡씨 가족이 일요일에 '식판Sik Fan'(구운 고기 요리다)을 먹는 모습을 우연히 본다면 당신은 우리 가족의 식사 예절에 당황할 수도 있다. 그릇을 들어 얼굴 가까이 가져간 뒤, 쌀과 고기를 입으로 퍼넣고 그릇 바닥에 남은 풍미 가득한 국물을 후루룩 마신다. 팔꿈치는 식탁 위에 올려놓고, 뼈는 거리낌 없이 뼈 그릇에 뱉어내며, 잔치가 만족스러웠다는 의미의 거대한 트림으로 식사가 끝난다. 감히 젓가락을 포크와 나이프처럼 각각 양손에 들었다가는 버릇없다며 머리를 한 대 맞을 것이다. 이걸 이해할 수 있는가.

나만 이해할 수 없는 게 아니라는 사실에 나는 안도했다. 명백하게 누구나 특정 상황, 특히 낯선 환경에서 행동할 때는 긴장하게 된다. 어떤 말을 했다가 즉시 후회하고는 몇 주 동안이나 속앓이를 했던 적이 누구나 한 번씩은 있다. 방에서 혼자만 옷을 입지 않았다거나, 슬쩍 던진 농담에 상대가 화를 내던 당시의 순간을 생생하게 회상하거나 악몽을 꾸기도 한다. 사람들 앞에서 당황하게 되는 것은 인간에게 가장 두려운 일 중 하나다. 나는 항상 이 사실을 몰랐지만, 지금은 알고 있다.

잘못된 말이나 행동은 분명 신경전형성을 가진 사람이나 신경다양성을 가진 사람이나 모두 할 수 있지만, 여기에 이르는 과정은 살짝 다르다. 나 같은 사람은 대개 사회 규범에 대한 이해가 부족하고 계급과 관습의 눈에 보이지 않는 변수를 고려하지 못해서 그렇게 된다. 당신이 신경전형인이라면 반대의 문제로 괴로울 수 있다. 특정 상황에 대한 당신의 지식이 상황을 '제대로 이해할 만큼' 정확한지, 혹은 너무 편안하게 느낀 나머지 도를 넘어 불쾌한 농담을 하거나 부적절한 제안을 했는지 고민할 수도 있다.

당신의 문제가 예의범절을 너무 많이 알아서든 너무 조금 알아서든, 사회적 불안과 무례에 대한 해답은 똑같다. 인간이 행동하는 방식에 대한 증거를 모으려면 더 나은 도구가 필요하다. 그런 다음에 어떻게 옷을 입고, 어떻게 말하고, 어떤 인사말을 해야 하는지 같은 여러 행동의 다양한 잠재적 결과를 탐색해서 증거를 처리해야 한다. 이 장은 사회적 퍼다purdah(이슬람 국가에서 여성이 남성의 눈에 띄지 않게 집안 별도 공간에 살거나 얼굴을 가리는 것-옮긴이)를 면하기 위한 간단한 지침서로 생각하면 되겠다. 그게 어떤 기분인지 정확하게 아는 내가 쓴 지침서다. 면접을 볼 때, 새 파트너의 친구를 만날 때, 혹은 데이트에 가기 전에 어떻게 해야 할지 고민한 적이 있다면 계속 읽어보자.

만약 규칙이 글로 쓰여 있지 않다면(대부분 그렇다), 그리고 누가 규칙을 만들었는지 누구도 알 수 없다면, 중요한 예의범절을 위반하는 악몽 같은 시나리오를 피할 방법은 무엇일까? 규칙서를 상당히 좋아하는 사람으로서, 나는 직접 규칙서를 쓰는 것이 유일한 방법이라고 생각했다. 아무도 내게 예의범절의 법칙을 알려주지 않는다면 내가 직접 나서서 해결해야 했다.

그 일을 하면서 컴퓨터 모델링, 게임이론, 내 전문 분야인 생물정보학 기술을 활용했으며, 이때 내가 깨달은 사실은 규칙서는 아무래도 예의범절을 고민하기에 올바른 방법이 아니라는 것이었다. 규칙은 실제로 존재하지만, 변동성만 높은 것이 아니다. 별개의 상황마다 규칙을 어떻게 비틀고 해석하고 적용하는지도 문제였다. 개인의 행동은 집단의 관습만큼 중요하며, 이 둘은 당신이 절대로 완벽하게 예측할 수 없는 공생(생물학에서 다른 종이 서로 영향을 주고받는 일–옮긴이)을 통해 서로에게 영향을 미친다. 이를 이해하려면 우리는 특정 국가나 공동체, 혹은 문화의 예의범절에서 지역적인 행동이 파생되는 과정과 차이점을 모델화할 기술이 필요하다. 우리는 사전 지식이 우리를 억제하지 못하게 하는 동시에, 사전 지식으로 스스로 대비하고 사람들의 기분이 상하지 않도록 주의하면서 폭넓게 탐색해야 한다. 앞으로 설명하겠지만 예의범절의 끝없는 변형을 탐색할 때 유일하게 안전한 방책은, 아무것도 기대하지 않고 무엇도 가정하지 않으며 모든 것을 관찰하는 것이다.

'개인' 외에 절대 규칙은 없다

예의범절은 실제 삶에서 탐색하기 힘든 만큼이나 이론으로 연구하기도 힘들다. 전후 상황에 따라 달라지고 다양한 해석을 토대로 존재하기 때문에, 줄서기, 나이프와 포크 쥐기, 레스토랑 비용 나눠내기에서 보편적 법칙 같은 것은 없다. 정답에 가까워지기도 전에 당신은 지역의 규칙과 개인의 선호도를 고려해야 한다, 비록 서로 동의조차 할 수 없을지라도.

　다시 말하면 예의범절은 집단이 결정하지만, 개인이 선택적으로 번역한다. 사람들이 동의한 국가 혹은 문화 수준의 규칙은 이후 개인, 가족, 직장의 프리즘을 통해 굴절된다. 기회를 얻으려면 공유된 예의범절과 특화된 예의범절 양쪽을 모두 맞춰야 한다. 우리는 이론으로 존재하는 예의범절과 실제로 개인들이 들쑥날쑥하게 적용하는 예의범절 모두를 모델로 구축할 체계가 필요하다.

이쯤에서 에이전트 기반 모델링을 소개할까 한다. 에이전트 기반 모델링은 복잡계를 나타내는 모델링 방법으로, '에이전트'(사람이나 동물, 그 외 계에서 독립적인 행위자를 가리킨다)가 전체 계와 주변의 다른 에이전트와 나누는 상호작용을 통해 어떻게 행동하는지 측정한다. 특정 환경에서 사람들이 어떻게 행동할지 궁금하다면, 예를 들어 교통과 행인의 상호작용, 축구에서 멕시코 용병의 유동성, 소비자가 점포를 둘러보는 경로 등이 알고 싶다면, 에이전트 기반 모델링이 도와줄 것이다. 이는 에이전트의 실제 행동과 계의 규칙인 예측한 행동의 연관성을 이해하는 아주 훌륭한 방법이다. 결국 계는 고유의 규칙과 에이전트의 자율성의 균형에서 출현하며, 이 둘은 상호작용한다.

이 모든 것 덕분에 에이전트 기반 모델링은 예의범절을 이해하는 훌륭한 도구가 된다. 에이전트 기반 모델링은 우리가 자율성을 갖춘 개인인 동시에, 사고와 행동에 수많은 제약을 받는, 즉 예의범절을 지켜야 하는 인간이라는 현실을 반영한다. 우리는 완전히 독립적이지도, 계에 온전히 종속적이지도 않다. 에이전트 기반 모델링이 보여주듯이, 에이전트는 전체 환경에 반응하는 만큼 다른 에

이전트의 행동에도 반응한다. 분석적인 관점에서 볼 때, 이는 타인과 대화하는 법, 식사하고 칭찬하는 법 같은 예의범절의 규칙을 이해하는 것만으로는 충분하지 않다는 뜻이다. 우리는 또한 사람들이 실제로 이런 규칙들과 어떻게 상호작용하고 서로 영향을 미치는지 관찰해야 한다. 당신이 나 같지 않은 한, 혹은 이 책을 읽지 않는 한, 인간으로서의 행동을 책에서 배우지는 않을 것이다. 그보다는 타인, 특히 가까이 있는 사람을 흉내 내면서 더 많이 배운다. 이는 아기가 말하기를 배우는 방법으로, 스스로 말을 만들기 전까지는 보고 들으면서 말을 배우게 된다. 그리고 바로 이 방법으로 우리는 삶에서 온갖 일을 하는 (우리 마음속에서) '올바른' 방식을 배웠다. 옷을 개거나 타인을 돕거나 소스를 요리하는 등 자신만의 '정확한' 방식을 가진 타인이 보기에는 우리의 방식이 상당히 이상할 수도 있다.

이처럼 개인과 집단, 지역과 세계의 균형은 인간 행동의 본질이다. 자신이 규칙을 지키지 않는다고 생각할 수 있지만, 우리는 모두 의식적이든 무의식적이든, 특정 사회 규칙이 보편적이든 구체적이든 간에 상관없이 규칙에 순종하고 있다. 무정부주의자들조차 유니폼은 입는다. 그러나 동시에 과학자에게는 절망스럽게도, 인간 행동은 규칙만 이해해서는 모델링할 수 없다. 에이전트(사람들)가 어떻게 반응하는지, 동시에 다른 에이전트의 행동이 어떻게 영향을 미치는지도 자세하게 조사해야 한다.

나는 당황해서 어쩔 줄 몰랐을 사회적 상황과 직업적 상황을 에

이전트 기반 모델링으로 탐색했다. 에이전트 기반 모델링을 통해 살펴본 세 범주는 다음과 같다. i)사람들이 규칙이라고 말하는 규칙, 언제든 미리 조사할 수 있다. ii)특정 상황에 적용되는 규칙, 다른 에이전트가 얼마나 상호작용하는지에 따라 달라진다. iii)개인 에이전트의 특성과 선호도 암시. 에이전트 기반 모델링은 내가 직접 경험하고 관찰하지 않는 한, 특정 상황에서의 예의범절을 진실로 이해할 수는 없다고 알려주었다. 독일식 식사 예절이나 콜롬비아 기업문화를 아무리 많이 읽어도, 내가 맞닥뜨릴 특정한 전후 상황의 현실을 대비할 수 없다. 과학은 내가 이론 학습에서 실제 실험으로 건너가기 전에는 어디에도 다다를 수 없으리라고 말했다.

당신은 어느 정도의 지식을 갖추고 낯선 상황으로 걸어 들어갈 수 있지만, 에이전트 간의 상호작용이나 에이전트와 전체 계의 상호작용 방식 같은 실제 증거를 모으기도 전에 너무 많은 가정을 세우는 것은 위험하다. 지역의 예의범절을 이해했다는 확신을 얻으려면, 행동하는 에이전트를 개인으로서, 그리고 집단으로서 관찰해야 한다. 관찰하는 장소도 직장, 가정, 시내 중심가로 다양해야 한다.

예를 들어, 내가 가장 힘들었던 것 중 하나는 계급이 작용하는 방식을 이해하고 상대방에게 해야 할 말과 하지 말아야 할 말을 구별하는 일이었다. 내가 모든 사람을 공정하게 대했다는 말은 농담이 아니다. 나는 대학 IT 지원 부서에서 시간제 근무를 하다가 '강제로 사직'했다. 상사가 내가 방금 테스트를 끝내서 작동하지 않는 것을 확인한 바로 그 방식으로 고객을 도우려 했고, 나는 상사에게 공공연하게 반박했다. 상사가 불평하자 나는 사장에게 불려갔다. 사장은 내게 동조했지만, 사람들에게 더 배려심을 가져야 한다고 말했다. "네, 하지만 사장님도 배려심을 좀 가져야 할 것 같은데요" 라고 쏘아붙였다. 정확하게 내가 느낀 감정을 말했지만, 결과가 말해주듯이 직업 안정성에 특별히 도움이 되지는 않았다.

지금 나는 계급의 '규칙'이 실제로 직장에서 어떻게 적용되는지 알아내려 에이전트 기반 모델링 형식을 이용한다(어떤 경우든 논쟁의 여지가 있는데, 수많은 기업이 자기네 회사에는 그런 게 없다고 말하지만, 실제로는 대부분의 기업에 존재한다). 이미 존재하는 에이전트들이 어떻게 상호작용하는지 단서를 얻은 뒤, 이 자료를 활용해서 나만의 견해와 우선순위를 매기는 방법을 알아낼 것이다. 어떤 곳에서는 사람들이 나처럼 상대방이나 전후 상황은 아랑곳없이 자기 생각을 가감 없이 말하는 노골적인 사람을 좋아할 수도 있다. 다른 곳에서는 타인에게 당신의 생각을 받아들이게 하려면 타인이 그 생각이 애초에 자기 생각이었다고 여기게 하는 편이 쉬울 수도 있다. 이런 종류의 모든 계는 고유의 리듬과 관습이 있으며, 예의범절은 에이전트들의 상호작용과 선호도로 결정된다. 당신이 이곳을 헤쳐나가려면 우선 연구한 뒤에 이해해야 한다. 이를 에이전트 기반 모델링이라고 부르는 데는 다 이유가 있다. 우리가 거의 항상 그렇듯이, 당신이 어떤 지역에서 작업한다면 당신은 그 지역의 예의범절을 따라야 한다. 지역 예의범절을 이해하려면, 당신은 영향을 미치는 범위 내에서 행동을 형성하는 데 가장 많이 일조하는 에이전트에게 집중해야 한다. 우리가 항상 듣는 말이 있다. 바로 우리가 한 말이 중요한 게 아니라 듣는 사람이 그 말을 어떻게 해석하는가가 중요하다는 말이다. 예측할 수 없는 개인이라는 규칙을 제외하면 절대 규칙은 없다.

내가 살아가면서 만나는 사람, 혹은 어떤 대상을 예측할 수 없다는 것은, 에이전트 기반 모델링을 사용할 때는 장점으로 작용한다. 하지만 반대로 위험할 수도 있는데, 누군가가 밤거리에서 나를 불러 세울 때 그가 내게 해를 끼칠 수도 있다는 가정을 곧바로 세우지 못하기 때문이다. 나는 그가 하는 말을 들으려 기다릴 것이고, 그가 어떻게 말하는지를 듣고 의도를 판단할 것이다. 이론적으로 나는 이 행동이 안전하지 않다는 것을 알기 때문에 되도록 그런 상황, 즉 밤에 혼자 걷는 상황에 부닥치지 않게 노력한다.

이런 예방조치만 잘해두면, 사전 가설 없이 상황에 뛰어들었을 때 엄청난 혜택을 누릴 수 있다. 그러지 않으면 당신은 빠르게 확증편향(원래 가지고 있는 생각이나 신념을 계속해서 확인하려는 경향성-옮긴이)의 희생자가 되어 증거를 선택적으로 걸러서 미리 만들어놓은 결론에 꿰맞출 것이다. 바꿔 말하면 누군가를 멍청이라고 미리 결정하고, 그 결론을 지지하는 이유를 찾을 것이다.

새로운 상황에 안전하게 진입할 때 세울 수 있는 가정이 적을수록 예의범절을 탐색하기가 더 자유로울 것이고, 그 결과 자기 행동을 조정하기도 더 자유로울 것이다. 당신의 직장, 사교 모임, 파트너의 친구 무리에 있는 에이전트가 실제로 어떻게 행동하는지에 집중하라. 당신이 그들에게 기대했던 행동은 잊어버리자. 이들을 개인으로서 관찰하고 주변에 있는 타인과의 상호작용을 추적하라. 이런 개인의 욕구, 지역적 관계, 세계 규칙 사이에서 계의 실제 예의범절을 발견할 수 있다.

게임이론

에이전트 기반 모델링은 특정 상황에서 적절한 예의범절을 발견하도록 도울 수 있다. 그러나 사람들이 그렇게 행동한 이유나 의도를 알려주지는 않는다. '우리가 다음에 할 말이나 행동에 상대는 어떻게 반응할까?'라는, 예의범절을 둘러싼 가장 절박한 질문에도 답하지 않는다. 답을 얻으려면 우리는 게임이론의 과학을 깊이 파고들어야 한다. 게임이론은 계에 속한 서로 다른 에이전트가 어떻게 상호작용하는지를 넘어서 에이전트의 동기는 무엇이고 그들이 특정 결정을 내리는 이유는 무엇인지 보여준다.

게임이론은 현대 인공지능 연구의 토대를 다진 두 명의 수학자가 처음 주장했다. 바로 존 폰 노이만과 존 내시다. 에이전트 기반 모델링처럼 게임이론도 규칙에 따라 움직이는 특정 계에서 다른 참가자가 어떻게 상호작용하는지를 관찰한다. 그러나 여기서 한발 더 나아가 참가자의 다양한 선택의 결과까지 관찰한다. 게임을 하는 한 명, 혹은 여러 명의 참가자의 결정은 모두에게 어떤 영향을 미칠까? 게임이론은 전체 그림을 조망하며, 참가자가 자신의 결정이나 결과만 생각하지 않고 다른 참가자도 고려한다고 가정한다. 즉 다른 참가자가 무엇을 알고 있을지, 어떻게 행동할지 예측한다고 가정한다.

게임이론의 수많은 아이디어와 응용 중에 내시 균형Nash equilibrium 이 있다. 내시 균형은 어떤 유한한 게임이든 모든 참가자가 최대 이익을 얻는 결정을 하는 균형점이 있으며, 다른 참가자의 전략을 예상할 수 있으면 참가자 중 누구도 그 결정을 바꾸지 않는 균형 상태다. 다시 말하면 개인과 집단의 이익이 수렴하는 곳에서 균형이 이루어지며, 그 이상의 최적화는 달성할 수 없다. 적절한 타협. 이것이 모두가 행복한 해답이며, 플레이리스트나 휴가지, 소풍에 가져갈 음식 모두 내시 균형의 대상이 될 수 있다.

내시 균형과 파생물은 여러 분야에서 폭넓게 활용된다. 동맹이거나 적대자인 참가자들이 특정 문제를 어떻게 해결할지 관찰하거나, 특정 참가자의 선택에 영향을 미치려 하는 정책이나 결정을 다듬을 때도 활용한다. 내가 나와 타인 사이에서 항상 찾았던 것은 수렴이었다. 내가 수렴할 수 없을 때마저도 왜 그런지 알아내는 일에 매료되었다. 게다가 특정 집단의 사람들이 바뀔 때마다, 즉 구성원이 바뀌거나 한 사람의 선호도가 바뀔 때마다 내시 균형의 본질도 차례로 진화할 것이다.

사회의 예의범절이라는 불타는 석탄 위를 까치발로 걷는 우리에게 내시 균형이 어떻게 도움이 될까? 우선 특정 사건에 대해 우리의 인식 너머를 보도록, 그리고 다른 참가자의 처지에서 생각해 보도록 격려한다. 게임이론은 우리의 결과가 타인의 선택에 일정 부분 의존하는 상호 의존 개념이므로, 자기만의 생각이나 판단에 따른 초보적인 결정으로는 살아남지 못한다. 우리는 상대방이 질문이나 긴장을 푸는 농담, 제안에 어떻게 반응할지 예측해야 한다. 우리가 하려는 말이나 행동이 상대방을 불쾌하게 하거나 당황시킬 여지가 있을까? 상대방에 대해 알고 있는 사실을 근거로, 우리의 실행 능력과 상호작용의 맥락에서, 우리의 다음 행동이 원하는 결과를 달성할 가능성은 얼마나 될까? 이 상황에서 자신의 선택을 바꾸지 않고 모두가 원하는 것을 얻는 효율적인 내시 균형은 무엇일까?

에이전트 기반 모델링이 해당 계의 묵시적인 예의범절을 이해하게 돕는다면, 게임이론은 이후 우리의 결정을 모델화해서 우리가 얻을 이상적인 결과와 타인이 동시에 하는 선택 혹은 반응에 맞춰 조정하는 기술이다. 게임이론은 우리가 계의 에이전트인 동시에, 다른 참가자에 대한 통찰과 무지의 조합을 토대로 의식적인 의사 결정을 해야 하는 참가자라는 사실을 깨닫게 한다. 우리는 우리와 다른 참가자들을 위해 우리의 결정이 보여주는 길을 탐색할 수 있을 뿐이다. 그런 뒤, 상호 이익을 위한 내시 균형이든, 혹은 당신이 협조하기 싫다면 개인만의 발전이든 어느 한 방향을 선택해야 한다.

나는 특정 행동이 나타나는 이유를 설명하고 타인의 동기(특히 이것은 거의 보이지 않는다)를 감지하지 못하는 내 무능을 극복하기 위해 게임이론에 의지하게 되었다. 친구나 가족과 얘기하다 보면, 몇 시간이나 며칠이 지난 뒤에야 나는 누군가가 내게 잔혹한 말을 던졌었다는 사실을 깨닫게 된다.

나는 본능적으로 낯선 상황을 잘 '감지하지' 못하기 때문에, 모든 대화와 비판을 내 머릿속에서 계속 시뮬레이션해야 한다. 가끔은 이런 행동이 내가 자라면서 자주 겪었던, 눈이 휘둥그레지는 반응을 얻었을 법한 비범한 견해나 유용한 관찰을 억제하면서 구명줄이 되기도 한다. 그러나 때로는 알고리즘이 오작동한다. 붉은 머리의 우버 운전기사에게 상냥하고 싹싹해 보이도록 주의 깊게 계산한 생강에 관한 농담을 던졌다가 운전기사를 화나게 하기도 하는 식이다. 내가 좋아하는 헤드폰을 끼고 다가가는 것이 타인에게 좋은 인상을 주기 힘들다는 사실을 알게 된 후, 친해지려고 의식적으로 노력한 결과였다. 운이 나빴던 또 다른 사건으로는 풀이 죽은 직장 동료를 위로했던 일이 있다. 나는 컨디션이 좋아 보인다는 격려의 말을 인터넷에서 찾아 그에게 건넸다. "머리 스타일이 멋지네요!" 완벽한 실패였다. 그 직원이 빛나는 대머리라는 점을 미처 생각하지 못했던 탓이었다.

내게 게임이론은 이기기 위한 것이라기보다는 준비되지 않은 인생 경험에서 살아남기 위한 도구다. 나는 다른 참가자들을 이기려는 것이 아니다. 그저 크리스마스 파티에 왔던 엄마의 불쌍한 친구분처럼, 너무 많은 사람을 허공에 내동댕이치고 싶지 않을 뿐이다.

이것이 게임이론의 반직관적인 장점이다. 표면상으로는 합리적인 의사 결정을 위한 각본이지만 한계도 있다. 우리의 삶 전체를 게임이론의 렌즈를 통해 해결한다면, 우리는 토머스 홉스가 《리바이어던》에서 묘사했듯 인류를 하나로 묶어줄 정치적 통일체가 없는 디스토피아와 비슷한 결말을 맞을 것이다. 홉스는 정치적 통일체가 없다면 인간의 삶은 '고독하고 가난하며 위험하고 잔혹하며 짧을' 것이라는 유명한 말을 남겼다. 홉스는 중앙집권 국가의 탄생만이 이런 '자연 상태'에 대응할 수 있다고 믿었다. 우리가 게임 이론 중독자라면 순수한 호모 에코노미쿠스^{Homo Economicus}(순전히 자신의 경제적인 이득만을 위해 행동하는 사람–옮긴이)가 될 것이다. 완벽하게 이기적인 참가자들은 권력과 자기 향상이라는 절대로 채워지지 않을 욕망을 추구하며 홉스가 정의한 더할 나위 없는 행복만을 찾아 움직인다.

게임이론은 인간에 대한 홉스의 부정적인 평가, 즉 게임에서 '승리'하려는 덧없는 시도를 위해 서로를 밟고 기어오르느라 자신과 타인을 해치는 것을 막아야 하는 괴물이라는 평가를 쉽게 충족시킬 수 있다. 그러나 우리에게는 반대로 호모 레시프로칸스^{Homo Reciprocans}, 즉 상호 이익을 추구하기 위해 타인과 협력하는 인간이 될 기회로도 보인다. 내시 균형의 존재는 게임이론의 궁극적인 교훈이 상호 의존이라는 사실을 보여준다. 우리는 모두 한배에 탔고,

같은 게임을 하고 있으며, 종종 타인의 도움과 지지를 얻어 원하는 결과를 달성한다. 게임이론은 이기주의 헌장일 수도 있지만, 본질적으로 같은 욕구와 야심을 공유하는 우리의 모든 차이점에도 불구하고 우리가 모두 같은 종의 일부이며 지구에서 함께 살고 있다고 입증할, 내가 아는 최상의 틀이기도 하다.

예의범절을 배우는 것이 그저 사회에서의 당혹감을 피하기 위해서만은 아니다. 다른 사람이나 문화와 관계를 맺는 방식이고, 연대감을 확고히 하고 상호주의를 구축하는 방식이기도 하다. 차이는 아주 작은 데서 만들어진다. 내 일이 아니더라도 거리에서 쓰레기를 줍는 것, 보호자가 아니더라도 휠체어가 지나가도록 길을 비켜주는 것이 그렇다. 당장 우리에게 이익이 되지 않을 아주 작은 행동이 우리를 개인주의자가 아닌 사회적 동물로 만든다.

게임이론은 인간으로서 우리의 관계를 정의하는 공통 기반을 찾는 가장 중요한 기술이다. 경쟁을 위한 기술이 될 필요가 없다. 결국 홉스의 논리가 맞는다면, 지금까지 인류를 하나로 묶어온 것이 협력의 필요성이 아니면 대체 무엇이겠는가? 훈훈하고도 애매한 결론이지만, 암이 우리에게 알려주듯이 치명적으로 효율적이기도 하다. 함께 일한다는 것은 그저 착한 척하는 게 아니라 목표를 달성하는 가장 효율적인 경로이기도 하다. 그리고 그게 바로 예의범절이 정말 중요한 이유다.

우리 모두 언젠가는 틀리겠지만

에이전트 기반 모델링이 지역 상황을 이해하도록 도울 수 있다면, 그리고 게임이론이 우리의 길과 타인의 길을 함께 알려줄 수 있다면, 예의범절이라는 의자의 세 번째 다리는 상동성homology이다. 상동성은 서로 다른 정보에서 연관성이나 유사점을 모델링하는 과학이다.

타인을 에이전트로서 연구하고, 게임 시나리오에서 의사 결정을 가지고 스트레스 테스트를 하면 많은 것을 알 수 있지만, 예의범절 문제의 모든 답을 얻지는 못한다. 당신이 좋아하는 행동은 어떤 것이고, 그 행동은 특정 상황에서 수용될 수 있을까? 특정 상황의 경계선 안에 머물면서도 나 자신일 수 있을까? 예를 들어, 나는 집 바닥에 앉아 차를 우려도 아무 문제 없는데(어쨌든 아무것도 떨어질 일이 없는 가장 안전한 장소다), 왜 사무실에서 그러면 눈총을 받을까? 나는 차를 일반적으로 적절하다고 여겨지는 시간보다 훨씬 더 오래 젓는데, 내 감각처리장애sensory processing disorder, SPD가 금속 티스푼이 그릇에 부딪히는 감각을 좋아하기 때문이라는 사실은 어떤가? 언니는 내 프리다 칼로 스타일의 일자눈썹을 조롱해도 괜찮지만, 나는 언니의 눈썹이 슈퍼마리오를 닮았다고 지적하면 안 되는(이건 내가 장담할 수 있다) 이유는 무엇인가? 우리에게는 상황에 따라 행동을 조절하고, 새로운 상황에 대한 지식과 무지의 간극을 메울 방법이 필요하다.

여기서 단백질의 유사성을 모델화하는 데 활용했던 상동성이 진가를 발휘한다. 상동성은 내 전문 분야인 생물정보학의 핵심 기술로, 아직 탐색 중인 데이터 집합의 틈새를 연관된 사례에서 추론해 메우는 데 활용한다. 데이터는 항상 빠진 부분이 있게 마련이므로, 비슷한 상황에 대해 우리가 알고 있는 사례들을 활용해 현재 상황에서 빠진 부분을 메워 넣어 해결한다. 예를 들어, 특정 암을 치료하는 신약을 개발하는 데 목표물로 삼을 적절한 단백질을 발견했다면, 당신이 해야 할 일은 그 단백질의 구조를 확인하는 것이다. 해당 단백질에 당신의 치료제가 결합해야 하기 때문이다. 핵심은 단백질 구조인데, 우리는 필요한 정보를 모두 알지 못할 수도 있다. 이럴 때 우리는 유사한 정보를 가지고 작업한다. 즉, 치료제가 다른 단백질과 어떻게 결합하는지 관찰하고, 목표 단백질과 유사성이 높은 영역을 설정한다. 차근차근 당신의 공격 계획을 미세하게 조정해서 정보를 충분히 얻을 때까지 알려진 영역을 넓혀가면, 당신은 해답을 향해 전진할 수 있다.

우리가 할 수 있는 일은 현재 목표 단백질의 친척인 단백질의 정보를 활용하고, 유사한 부분이 있는 모델을 통해 연구하는 것이다. 상동성은 우리가 아는 것을 통해 우리가 모르는 것에 관한 합리적인 가정을 세우도록 연결해준다. 알려진 요인들 사이에서 수렴하는 지도를 만들고, 우리의 개입이 가장 큰 차이를 만드는 곳을 찾는다.

내가 연구하는 단백질과 세포를 더 깊이 이해하기 위해 상동성을 활용하는 것처럼, 나는 내 삶에서 사람들에 관해 수집한 증거 사이에서 연관성을 확립하는 방법으로도 상동성을 선호한다. 신약 개발과 새로운 사람들이라는 환경의 탐색은 같은 기본 원칙을 공유한다. 증거는 항상 불완전하며, 올바른 결과를 얻는 능력은 아는 것에서 모르는 것을 탐색해나가는 과정에 좌우된다.

내가 누군가와 데이트하는 중인데, 그 사람이 나를 가족에게 소개하고 싶어 한다고 해보자. 이 말은 내가 새로운 상황에 들어간다는 뜻이지만, 나는 이미 이 상황에 대한 약간의 증거를 수집했다. 나는 수집한 정보에서 상대방의 부모와 형제자매들이 어떤 사람인지에 대한 정보를 골라낼 것이다. 그들과 남자친구의 비슷한 점과 다른 점을 찾으면 된다. 이 정보를 활용해서 남자친구 가족의 유머 감각, 관심 있어 할 대화 주제, 그들이 있을 때 말하거나 행동하면 안 될 것들을 어느 정도 추리할 수 있다. 그리고 약속한 날에는 내가 가장 자신 있다고 생각하는 주제나 가족 구성원을 상대로 대화를 시작할 것이다. 모든 데이터 사이에서 수렴하는 영역이 내게 알려준, 발을 내딛어도 좋을 가장 안전한 토대에서 시작한다. 일단 실제로 그 환경에 들어서면, 나는 에이전트 연구를 시작할 수 있으며 그에 따라 모델을 세울 수 있다. 그 뒤 게임이론을 활용해서 정확하게 무엇을 말하고 어떻게 행동할지 결정한다. 그러나 내가 미지의 땅에 매우 중요한 첫발을 내딛게 해주고, 흩어진 데이터 조각을 새로운 사람과 상황에 관한 가설로 바꿔 더 안전하게 진입하도록 돕는 것은 상동성이다. 내가 대화할 수 있는 토대가 되는 증거가 전혀 없는 낯선 사람과는 대체로 대화하지 않는 이유이기도 하다.

생물학에서 자료가 충분한 경우는 절대로 없다. 밑 빠진 독이다. 증거를 수집할수록 처리해야 할 새로운 질문이 늘어나기 때문이다. 예의범절을 연구하는 것도 다르지 않다. 당신의 정보는 절대로 원하는 만큼 훌륭한 정보가 아니지만, 시작할 만큼은 늘 충분하다. 상동성은 내 지식의 한계를 수용하고, 이미 모은 증거에서 최대한의 가치를 짜내는 것이다. 또 차이점과 특성도 크게 드러낸다. 예의범절을 탐색하는 노력은 규칙을 알고 싶다는 욕망에서 시작되었지만, 시간이 흐르면서 가장 중요한 것은 개인의 해석과 뉘앙스라는 사실을 서서히 깨달았다. 두 친구가 똑같이 푸른 눈을 가졌다고 해서 둘 다 당근을 좋아하지는 않는다. 공통된 문화적·사회적 틀 안에서조차 우리를 만드는 것은 다름이다. 상동성은 이런 다름이 무엇인지 깨닫게 하고, 우리를 우리로 만드는 공통의 관습과 개별적인 기벽을 더 깊이 이해하게 한다.

헛디딘 걸음과 어리석은 견해, 권위와의 충돌이라는 내 예의범절 모험에서 한 가지 배운 것이 있다면, 우리는 모두 언젠가는 틀릴 것이라는 사실이다. 세상에서 가장 선한 의도와 모델링 기술을 가지고도, 언제나 적절한 말만 하고 당황스러운 경험을 피하며 절대 실패하지 않을 방법은 없다(또한 반드시 그러길 바라서도 안 된다. 우리가 절대로 실토하지 않을 이야기들을 생각해보라).

조언하자면 새로운 사회적·직업적 상황에서는 완벽함을 포기하는 편이 낫다. 대신 실수를 줄이는 데 집중하고 작게나마 성공한 횟수를 세어본다(내 경우, 성공은 24시간 동안 최대 두 사람까지만 짜증 나게 하는 것이다).

내가 이 책에서 설명한 관찰, 계산, 연결 기술을 이용해서 새로운 상황으로 나아가되, 어느 정도 확신을 가진 땅 위에만 발을 내딛어라. 실수에 집착하지 말고(말하기는 쉬워도 행동하기는 어렵다는 걸 나도 안다) 대신 실수로 배운 것에 집중해라. 당신이 모르는 것은 항상 튀어나올 것이다. 더 많이 배울수록 발견할 것이 더 많아지기 때문이다. 예의범절 게임은 끝이 없으며, 우리는 이 게임을 절대 완수하지 못할 것이다. 그러나 이 게임은 사실 경쟁이 아니라 타인을 위해, 그리고 상호 이익을 위해 자신의 즉각적인 욕구를 억누르는 것에 더 가깝다.

무엇보다 당신의 말이나 행동이 아니라 당신이 사람들에게 남긴 인상과 어떻게 기억되기를 바라는지가 더 중요하다는 점을 명심하라. 설사 당신이 틀렸더라도, 노력했다는 자체로 가치 있다. 몸짓 자체는 인식하지 못해도 사람들은 신호를 받는다. 빈손으로 나타나는 것보다는 상대방이 좋아하지 않는 수박이라도 들고 나타나는 편이 더 낫다.

자신의 존재에 대해 사과하지 말 것

이 책을 집필하면서, 나를 여기까지 이끌어온 모든 실험을 되돌아보며 모든 것이 언제 바뀌었는지 생각해보았다. 열일곱 살 무렵, 처음으로 내가 인간을 느끼기 시작했을 때, 어떤 순간이 존재했다. 항상은 아니었고, 가끔은 1초도 안 되는 찰나이기도 했다. 그러나 그 순간은 항상 외톨이처럼 느꼈던 나를 변화시켰다. 갑자기 색채가 풍부해진 것 같았고, 내 머릿속 희뿌연 안개는 사라졌으며, 나를 둘러싼 혼란스럽기만 한 세계가 일시적으로 이해되기 시작했다. 내가 했던 모든 실험이, 혼자 힘으로 개발했던 모든 유사 알고리즘이, 갑자기 작동하기 시작했다. 조각들이 서로 맞아들어가기 시작했다. 내 파동의 위상이 같아졌다.

그러나 다시 생각해보면, 나는 이 순간들의 처음이 언제였는지 기억할 수 없다. 계기가 무엇이었는지도 정확하게 알지 못한다. 봄에 꽃을 피우는 식물처럼, 내가 인간이라는 감각은 그 후에야 보고 즐길 수 있는 것이었다. 나는 그 감각을 느꼈을 때 알았다. 그저 그곳으로 가고 있다는 것을, 어떤 속도로 움직였는지를 깨닫지 못했을 뿐이었다.

나는 여전히 '저곳'에 있지 않으며, 아마 평생 도달하지 못하리라고 생각한다. 내 일부는 항상 나만의 섬에 남아있을 테고, 나는 그것이 기쁘다. 내 섬이 있다면 섬을 굳이 팔 이유가 없지 않을까? 내가 배운 것은 자신을 바꿀 수 있다는 사실이다. 당신은 참다운 자신을 부정하거나 지우는 대신, 더 나아지고, 인간으로 살아간다는 복잡한 일에 더 능숙해져야 한다. 삶을 계획하고, 하루의 삶을 살아가고, 감정의 균형을 맞추고, 관계를 보살펴야 한다.

이렇게 하려면 어떤 대가를 치러야 하는지도 배웠다, 배웠다고 생각한다. 그걸 한 단어로 표현하면, 인내심이다.

아마 이것이 내 수많은 모순 중에서 가장 큰 모순일 것이다. ADHD를 앓는 내 뇌는 존재하는 것 중에 가장 인내심이 없을 것이다. 하지만 인간으로서, 특히 과학자로서 나는 지나치리만큼 인내심을 발휘할 수 있다. 좋은 일은 빨리 일어나지 않고, 실험은 절대로 첫 번째 시도에서 성공하지 않으며, 실패하고 배운 것을 활용해야만 진보할 수 있다는 것을 나는 경험으로 배웠다.

물론 쉽게 깨우친 것은 아니며, 나는 아직도 이 문제로 고군분투한다. 인내심의 가치를 알고 몸에 새길 때까지 나는 히스테리, 감정 폭발과 머뭇거림을 수없이 겪었다. 나는 노력해왔고, 그럴 가치가 있었다.

과학과 삶의 위대한 공통점은 둘 다 같은 부분에서 좌절감을 안겨주며, 인내하는 사람에게는 보상을 준다는 점이다. 연구에서 돌파구를 찾았을 때, 찾고 있던 해답으로 향하는 문이 마침내 열리는 그 순간만큼 내게 전율을 안겨주는 것도 없다. 아무리 작더라도 발견에서 신기함을 느낀다는 것은 내가 내 일을 너무나 사랑한다는 뜻이다. 과학자라면 누구나 똑같이 말할 것이다.

이 책에서 상세하게 설명했듯이, 나는 인간으로서 더 나은 삶을 살고 더 나은 역할을 하는 방법을 알아내기 위해 과학 연구와 똑같은 방법을 이용했다. 누구든 조금씩이라도 나와 같은 혜택을 받으리라고 생각한다. 누구나 삶에서 개선하고 싶은 것이 있다. 다른 사람과의 유대감을 더 느끼고 싶다거나, 야망을 갈고닦거나 이를 추구하는 방법을 개선하고 싶을 수도 있다.

가능하지만 쉽지는 않다. 몸과 마음은 운동선수와 같아서 인식, 기억, 사고 과정, 공감을 향상하려면 훈련해야만 한다. 헬스장에서 빠른 결과를 기대할 수 없듯이, 이 과정도 빠른 결과를 내라고 요구하거나 기대할 수 없다. 이것은 인간으로서 우리 자신의 가장 근본적인 부분이므로, 하룻밤 새에 변화시킬 수는 없다. 그러나 당신이 원한다면, 그리고 운동선수의 헌신을 보여줄 의지가 있다면 얼마든지 가능하다. 내가 설명했던 개념과 기술은 근본적으로 훈련법이며, 오랜 시간에 걸쳐 계속 훈련하고 받아들여야만 유용하다. 과학처럼 장기전이다. 다른 사람처럼 나도 나 자신의 실패한 실험의 결과물이며 나는 그 점이 자랑스럽다.

한 사람으로서 성장하는 일은 믿기 힘들 정도로 좌절감을 준다. 이 모든 일을 해내도 당분간은, 어쩌면 아주 오랫동안 아무 일도 일어나지 않을 수 있기 때문이다. 여기에서 낙담하고 포기하기 쉽다. 하지만 실제 보상은 어느 날 변화가 당신에게 살금살금 다가올 때까지 인내하고 불확실성과 자기 회의감을 극복하는 데 있다. 이 일이 언제, 어떻게 일어날지 우리는 계획할 수 없다. 그저 일에 착수하고 과정을 신뢰할 뿐이다.

그러니 실현되지 않은 계획에, 이루지 못한 목표에, 실패한 관계에 절망하지 말 것. 대신 거기에서 배우라. 그리고 다음에는 조금 다른 것을 시도해보자. 나만의 방식으로 일하는 법도 실험해보자. 삶이 나아지는 과정은 느리고 점진적이라는 인간의 필연성을 받아들이자. 그리고 무슨 일이 있어도 당신의 다름을 악마 취급하지 마라. 내가 그랬듯이, 당신이 타고난 초능력으로 차이를 수용하라.

무슨 일이든 잘 풀리기 전에 한 번은 잘못될 것이다. 상황이 좋아지기 전에 더 나빠질 수도 있다. 괜찮다. 사실 그 과정이 필요하다. 실패하는 실험을 즐기라. 혼자서 해내는 과정을 누리라. 그리고 자신이라는 존재에 대해 사과하지 말 것. 나는 절대로 그런 적이 없고, 지금도 그럴 생각은 없다.

감사의 말

출판사 팀에 영원한 감사를 – 나를 발견한 사람들

내 아이디어를, 내 여러 권의 노트를 살아 숨 쉬게 해준 분들: 애덤 건틀릿, 조시 데이비스, 에밀리 로버트슨.

선생님과 멘토들 – 학교에서, 그 후에도 나를 지지해주었던 사람들

내게 교과목을 설명해주고, 영감을 주고, 나를 믿어준 끝없는 인내심에 감사를. 어쨌든 간에. 선생님들: 키스 로즈, 로렌 페인, 마지 버넷 워드. 멘토들: 미셸 미들턴, 앨리슨 밴야드, 클레어 웰햄, 레슬리 모리스, 실리아 콜린스, 케이트 젭슨, 레오 브레이디, 그리고 내 박사학위 논문 지도교수 크리스틴 오렌고.

친구들에게 영원히 감사하며 – 내 모든 것을 지켜봐준 사람들

애비게일, 또 한 명의 자매, 최고의 단짝, 내 책을 세상에 내놓도록 자신감을 심어준 사람. 나를 지지해준 연구실 사람들(나의 단백질 가족이라고도 부른다). 항상 지지와 격려를 보내준 메이사, 엘러디, 브루나, 애먼다인, 핍, 샘, 티나. 내 오랜 친구 로지. 그렉, 사태가 악화되면 항상 좋은 이야기가 나온다고 말해준 친구. 라이, 글쓰기를 절대로 멈추지 말라고 격려해준 친구.

내 가족 – 정말로 모든 것을 지켜본 사람들

소니아, 피터, 리디아, 루, 네이, 롭, 짐, 티거, 릴리, 애지, 그리고 팡 씨 가족. 내 사촌 롤라, 루비, 틸리, 수 고모와 티나, 롭 삼촌, 휴 삼촌, 특히 마이크 삼촌과 존 삼촌에게는 특별한 감사를. 내가 삼촌들의 과학책을 빌려 가서 영원히 돌려주지 않았을 때 모른 척해줘서, 그 덕분에 이 모든 과정의 토대를 만들 수 있었다. 너무나 고마운 팡 할아버지와 할머니, 청 푹과 쑤이 잉. 그리고 사랑스러운 기억의 앤슬로 조부모님 프랜시스와 엘리자베스(베티). 이들은 내 마음의 고향이다. 나는 항상 내가 태어난 곳을 상기하며, 무엇이 나를 다르게 만드는지, 내가 움직이게 하는 것은 무엇인지 계속 수용하려 노력한다. 이들의 지지가 없었더라면 내가 지금 여기 있을지 확신할 수 없다. 모두 고맙다.

아래 분들에게 각 장을 헌정한다

1) 출판사의 조시 데이비스와 에밀리 로버트슨(편집자), 애덤 건틀릿(출판 에이전트)

2) 동료 과학자들

3) 엄마 소니아

4) 멘토분들

5) 아빠 피터

6) 힙스터 동료들

7) 언니 리디아

8) 동료 아스퍼거증후군 환우들

9) 과거의, 현재의, 그리고 미래의 친구가 될 모든 친구

10) 어린 시절의 나

11) 내게 먹다 남은 뼈다귀를 던진 낯선 사람들

옮긴이 김보은

이화여자대학교 화학과를 졸업하고 동대학교 분자생명과학부 대학원을 졸업했다. 가톨릭의과대학에서 의생물과학 박사학위를 마친 뒤, 바이러스 연구실에 근무했다. 글밥 아카데미를 수료한 후 현재 바른번역 소속 전문번역가로 활동 중이다. 《GMO 사피엔스의 시대》, 《슈퍼유전자》, 《크리스퍼가 온다》, 《의사는 왜 여자의 말을 믿지 않는가》, 《집에서 길을 잃는 이상한 여자》, 《인생, 자기만의 실험실》, 《인공지능은 무엇이 되려 하는가》, 《의학에 관한 위험한 헛소문》 등을 번역했으며 〈한국 스켑틱〉 번역에 참여하고 있다.

자신의 존재에 대해 사과하지 말 것

삶, 사랑, 관계에 닿기 위한 자폐인 과학자의 인간 탐구기

첫판 1쇄 펴낸날 2023년 4월 12일
3쇄 펴낸날 2023년 5월 8일

지은이 카밀라 팡
옮긴이 김보은
발행인 김혜경
편집인 김수진
책임편집 곽세라
편집기획 김교석 조한나 김단희 유승연 김유진 전하연
디자인 한승연 성윤정
경영지원국 안정숙
마케팅 문창운 백윤진 박희원
회계 임옥희 양여진 김주연

펴낸곳 (주)도서출판 푸른숲
출판등록 2003년 12월 17일 제2003-000032호
주소 서울특별시 마포구 토정로 35-1 2층, 우편번호 04083
전화 02)6392-7871, 2(마케팅부), 02)6392-7873(편집부)
팩스 02)6392-7875
홈페이지 www.prunsoop.co.kr
페이스북 www.facebook.com/prunsoop   인스타그램 @prunsoop

ⓒ푸른숲, 2023
ISBN 979-11-5675-410-7(03400)